致密油储层数字岩心建模及微观渗流模拟

林　伟　李熙喆　杨正明　胡明毅　编著

石油工业出版社

内 容 提 要

本书系统总结了致密油储层数字岩心建模和渗流规律研究进展。主要内容包括：同步辐射光源成像技术与混合建模新方法、基于模板匹配的致密油储层多尺度数字岩心建模方法、致密油储层微观孔隙结构精细描述方法、致密油储层毛细渗吸效应及储层参数对渗流机理的影响等。

本书可供从事石油勘探开发的技术人员、科研人员、管理人员参考使用，也可供石油高等院校相关专业师生参考阅读。

图书在版编目(CIP)数据

致密油储层数字岩心建模及微观渗流模拟／林伟等编著．—北京：石油工业出版社，2021.5
ISBN 978-7-5183-4584-7

Ⅰ.①致… Ⅱ.①林… Ⅲ.①致密砂岩-砂岩油气藏-渗流模型-研究 Ⅳ.①TE343

中国版本图书馆 CIP 数据核字(2021)第 054253 号

出版发行：石油工业出版社
　　　　　(北京安定门外安华里 2 区 1 号楼　100011)
　　　　　网　　址：www.petropub.com
　　　　　编辑部：(010)64523687　图书营销中心：(010)64523633
经　　销：全国新华书店
印　　刷：北京中石油彩色印刷有限责任公司

2021 年 5 月第 1 版　2022 年 5 月第 2 次印刷
787×1092 毫米　开本：1/16　印张：10.75
字数：190 千字

定价：75.00 元
(如出现印装质量问题，我社图书营销中心负责调换)
版权所有，翻印必究

前　言

致密油储层孔喉细小，孔隙结构复杂，普遍发育"微米—纳米"尺度基质孔喉系统，微米级天然裂缝发育。物理模拟实验难以刻画和模拟微纳米尺度流动，而常规的储层建模方法(规则网络模型、毛细管束模型等)又难以描述岩石微纳米尺度结构。数字岩心技术是近年国内兴起的岩心分析的有效方法，在常规砂岩和碳酸盐岩等岩心分析领域应用广泛。基于数字岩心，可对致密油储层微观结构和渗流机理开展研究。

当前，数字岩心建模方法主要分为物理实验法、数值重建法和混合法。然而，现有的数字岩心建模方法都存在各自的不足。例如：物理实验法的缺点是只能构建单一精度的数字岩心，样品尺寸和扫描分辨率存在固有矛盾；数值重建法的缺点是构建的数字岩心模型与真实岩石存在差别；混合法的缺点是采用数值法构建的那部分孔隙与真实岩石孔隙结构仍然存在差别，而且利用叠加耦合法时容易造成孔隙的错误叠加。所以，当前的数字岩心建模方法很难建立符合致密油储层特征的多尺度数字岩心。

针对致密油储层数字岩心研究中存在的难题，笔者系统总结了致密油储层数字岩心建模和渗流规律研究的最新进展。本书共包含5章，第1章介绍了致密油研究现状和国内外数字岩心研究进展，总结了当前数字岩心建模方法存在的不足及其在致密油储层应用中存在的问题；第2章介绍了同步辐射光源成像技术在致密油储层数字岩心建模中的应用情况，数字岩心3D打印、数字岩心图像处理方法，以及一种改进的数字岩心混合建模新方法；第3章介绍了一种基于模板匹配的致密油储层多尺度数字岩心建模新方法，主要包括致密油储层孔喉多尺度特征、算法原理和验证、软件设计与实现；第4章介绍了致密油储层数字岩心微观结构精细描述方法，包括数字岩心测试方法和流程、数字岩心三维结构分析、数字岩心孔隙分形和孔喉结构参数定量分析；第5章介绍了致密油储层毛细渗吸及储层参数对流体渗流影响的机理，主要分析了孔隙度、渗透率、润湿性、界面张力和流体性质等对毛细渗吸的影响，以及自发渗吸规律的数值模拟计算。

本书由林伟、李熙喆、杨正明和胡明毅共同编写。本书涉及的相关研究得到了国家科技重大专项"低渗—超低渗油藏有效开发关键技术"课题"超低渗油藏物理模拟方法与渗流机理（2017ZX05013-001）"和国家科技重大专项"山前挠曲盆地深层碎屑岩储层形成的主控机制及规模分布（2017ZX05008003-050）"的资助。全书撰写过程中，长江大学韩登林教授、中国科学院渗流所高级工程师熊生春博士、中国地质大学（武汉）蔡建超教授和刘洋博士、中国石油大学（华东）龚安副教授和陈国军副教授、南京邮电大学成卫青教授等对本书提供了技术支持和宝贵建议，加州大学伯克利分校地球与行星科学系 Michael Manga 教授、Ruby Fu 博士、Stephen Breen 博士，以及劳伦斯伯克利国家实验室 Dula Parkinsonke 和 Harrison Lisabeth 博士在同步辐射光源成像实验和数据处理中提供了帮助和指导。衷心感谢他们，正是他们的无私帮助才使得本书在内容和系统上更加完善。本书参考了国内外众多专家学者的研究成果，在此一并表示感谢。

本书的顺利出版，离不开石油工业出版社的大力支持，在此表示衷心感谢！

由于作者水平有限，书中欠妥之处在所难免，恳请读者批评指正。

2020 年 12 月

目 录

1 绪论 …………………………………………………………………… (1)
　1.1 研究背景及意义 ………………………………………………… (1)
　1.2 国内外致密油研究现状 ………………………………………… (2)
　　1.2.1 致密油的定义 …………………………………………… (2)
　　1.2.2 致密油开发现状 ………………………………………… (3)
　　1.2.3 致密油储层性质 ………………………………………… (4)
　　1.2.4 存在的问题 ……………………………………………… (4)
　1.3 国内外数字岩心研究现状 ……………………………………… (4)
　　1.3.1 数字岩心建模技术 ……………………………………… (5)
　　1.3.2 基于数字岩心的岩石物理数值模拟 …………………… (15)
　　1.3.3 存在的问题 ……………………………………………… (18)

2 同步辐射光源成像技术与混合建模新方法 ……………………… (21)
　2.1 同步辐射光源 …………………………………………………… (21)
　　2.1.1 同步辐射光源实验和样品 ……………………………… (23)
　　2.1.2 同步辐射光源数据处理 ………………………………… (25)
　　2.1.3 同步辐射光源数据建模 ………………………………… (30)
　　2.1.4 同步辐射光源数据生成 STL 三维模型 ……………… (38)
　　2.1.5 小结 ……………………………………………………… (50)
　2.2 岩心样品图像筛选和预处理 …………………………………… (51)
　　2.2.1 代表性样品图像选取 …………………………………… (51)
　　2.2.2 扫描图像二值化分割 …………………………………… (57)
　2.3 改进的数字岩心混合建模新方法 ……………………………… (62)
　　2.3.1 数字岩心混合模型构建 ………………………………… (63)
　　2.3.2 数字岩心结构特征 ……………………………………… (68)
　　2.3.3 渗流特征 ………………………………………………… (70)
　　2.3.4 小结 ……………………………………………………… (71)

  2.4 本章小结 ……………………………………………………………（72）
3 基于模板匹配的致密油储层多尺度数字岩心建模方法 …………………（73）
  3.1 致密油储层孔喉多尺度特征 ……………………………………………（73）
  3.2 数字岩心模板匹配法 ……………………………………………………（76）
    3.2.1 理论基础 …………………………………………………………（77）
    3.2.2 基本假设 …………………………………………………………（78）
    3.2.3 算法原理 …………………………………………………………（78）
    3.2.4 模型检验 …………………………………………………………（80）
    3.2.5 小结 ………………………………………………………………（90）
  3.3 软件系统设计与实现 ……………………………………………………（91）
    3.3.1 数字岩心系统主模块 ……………………………………………（91）
    3.3.2 功能详细描述 ……………………………………………………（91）
    3.3.3 数字岩心系统实现 ………………………………………………（105）
  3.4 本章小结 …………………………………………………………………（110）
4 致密油储层微观孔隙结构精细描述方法 ………………………………（112）
  4.1 致密油储层岩心基本物性参数 …………………………………………（112）
  4.2 致密油储层岩心多尺度测试方法和流程 ………………………………（112）
    4.2.1 致密油孔隙结构表征 ……………………………………………（112）
    4.2.2 致密油孔喉结构测试流程 ………………………………………（114）
    4.2.3 多平台多尺度成像 ………………………………………………（114）
  4.3 致密油储层数字岩心三维结构分析 ……………………………………（116）
    4.3.1 致密油储层微纳米尺度数字岩心 ………………………………（116）
    4.3.2 致密油储层数字岩心非均质程度分析 …………………………（120）
    4.3.3 致密油储层数字岩心孤立孔隙分析 ……………………………（122）
  4.4 致密油储层岩心孔隙空间分形表征 ……………………………………（124）
    4.4.1 分形维数计算分析 ………………………………………………（125）
    4.4.2 缺项参数计算分析 ………………………………………………（126）
    4.4.3 进相参数计算分析 ………………………………………………（128）
    4.4.4 小结 ………………………………………………………………（129）
  4.5 孔隙网络提取及孔喉参数表征 …………………………………………（129）
    4.5.1 孔隙网络模型提取 ………………………………………………（129）
    4.5.2 孔喉结构参数分析 ………………………………………………（130）

- 4.6 SEM 图像孔隙结构参数分析 ……………………………………………（134）
  - 4.6.1 孔喉结构分布特征 ……………………………………………（135）
  - 4.6.2 微裂缝特征描述 ………………………………………………（136）
- 4.7 本章小结 …………………………………………………………………（137）

5 致密油储层毛细渗吸效应及储层参数对渗流机理的影响 …………（139）
- 5.1 致密油储层毛细渗吸效应 ………………………………………………（139）
- 5.2 毛细渗吸影响因素分析 …………………………………………………（140）
  - 5.2.1 孔隙度和渗透率 ………………………………………………（140）
  - 5.2.2 润湿性 …………………………………………………………（141）
  - 5.2.3 界面张力 ………………………………………………………（141）
  - 5.2.4 流体性质 ………………………………………………………（141）
  - 5.2.5 其他因素 ………………………………………………………（142）
- 5.3 自发渗吸规律数值计算 …………………………………………………（142）
  - 5.3.1 理论基础 ………………………………………………………（142）
  - 5.3.2 模型设置 ………………………………………………………（143）
  - 5.3.3 流体润湿性对自发渗吸的影响 ………………………………（145）
- 5.4 本章小结 …………………………………………………………………（151）

参考文献 ………………………………………………………………………（152）

1 绪 论

1.1 研究背景及意义

综观全球,在从传统油气迈向新能源的第三次能源重大变革趋势中,非常规油气资源无疑将成为这一变革中最现实的资源类型[1-4]。致密油,是继页岩气之后当下非常规油气领域的热点[1]。美国最早实现了由常规向非常规资源开发利用的转化,并成为全球致密油资源领域勘探开发技术的领先者[5]。近年来,美国通过致密油勘探、开发等技术革新,先后在巴肯(Bakken)、鹰滩(Eagle Ford)、蒙特利(Monterrey)等致密油油田取得了重大突破,并且在2011年美国致密油产量达到3000×10^4t,扭转了美国石油产量下降的趋势[6]。2014年美国致密油产量已达到2.09×10^8t,致密油在美国的成功使世界能源格局在一定程度上发生改变[7]。据统计,全球致密油资源储量约为10000×10^8t,其中三分之二集中于美国、俄罗斯、中国、利比亚、澳大利亚、阿根廷等六个国家[8]。中国致密油分布广泛,在松辽盆地、鄂尔多斯盆地、四川盆地、渤海湾盆地、准噶尔盆地等均存在大量致密油资源,初步预测中国致密油地质资源总量为$(121.5\sim200)\times10^8$t[9],是中国未来较为现实的常规石油接替资源,具有巨大潜力。

然而,中国致密油生产开发依然面临诸多困难和挑战。从生产实际来看,致密油储层一般无自然产能,其开发常借助大规模水力压裂,具有初期产量高、产量递减迅速、采收率低(7%~8%)等特点[10-13]。众所周知,在油气田开发过程中,储层的许多宏观性质,如渗透率、毛细管压力、相对渗透率等,均取决于它的微观结构及其孔隙空间中流体的物理性质,即宏观性质和现象往往是表象,微观结构和流体性质才是根本。因此,只从宏观尺度上研究致密多孔介质的渗流规律不够完整,反映宏观现象的内部微观机理不够清晰。石油工程实践应用性很强,致密油资源储存在几千米深的地下,致密油储层岩石孔隙内部结构及油水分布像一个黑箱子一样,是神秘而不可见的。再者,由于致密油储层存在非均质性,由传统的岩心处理技术所得到的地层参数不能完全反映实际情况,对致密油藏开发提高采收率潜力有限,无法从根本上解决致密油实际开发过程中存在的重大难题。

目前,基于数字岩心平台,可对岩石微观结构进行定量表征和开展微观渗流模拟。数字岩心技术的基本原理是基于岩石的二维(2D)图像(扫描电镜、铸体薄片等)或三维(3D)图像(X-CT),运用计算机图像处理技术,通过一定的数学算法构造出一种可以准确反映岩心孔隙空间分布特征,同时又能反映流体在岩心中渗流特征的孔隙网络模型。以数字岩心和孔隙网络模型为基础,模拟流体在岩心内部的流动规律,克服了真实岩心实验周期长、加工复杂的弊端,为研究渗流规律和提高采收率提供重要研究平台。

1.2 国内外致密油研究现状

1.2.1 致密油的定义

目前,国内外对致密油的定义尚未统一。"tight oil"[14]一词最早出现在20世纪40年代的《美国石油地质学家协会公报》(AAPG Bulletin)杂志上,被用来指代致密砂岩中的石油[15]。

随着非常规油气资源不断勘探开发,学术界和工业界对致密油进行清晰界定的需求越来越迫切,随之对致密油的定义也越来越详细、清晰。

美国能源信息署(EIA)[16,17]和美国国家石油委员会(NPC)[18]在不同时期对致密油都有各自不同的定义。但总的来看,美国致密油主要具有以下特征:储层的渗透率极低,岩性既包括页岩,也包括与烃源岩关系密切的致密碳酸盐岩和致密砂岩。

相对于美国对致密油的定义,中国致密油在工业界[19]和学术界[1,5,20-23]都有明确的定义。工业界对致密油的国家标准为:储集在覆压基质渗透率≤0.2mD(空气渗透率<2mD)的致密砂岩、致密碳酸盐岩等储层中的石油。学术上对致密油定义为:储集在覆压基质渗透率≤0.1mD(空气渗透率<1mD)的致密砂岩、致密碳酸盐岩等储层中的石油。

1.2.2 致密油开发现状

2010年以来，受到北美巴肯（Bakken）、鹰滩（Eagle Ford）、巴尼特（Barnet）、奈厄布拉勒（Niobrara）等地区致密油成功勘探与开发的影响[16,20]，阿根廷、俄罗斯、哥伦比亚、法国、澳大利亚和中国等十余个国家积极展开致密油的研究[24,25]。致密油在中国分布广泛，松辽、渤海湾、鄂尔多斯、准噶尔、四川、江汉、南襄及苏北等盆地均存在大量致密油资源[6]。

目前致密油采取的主要开发方式为在水平井和体积压裂的基础上进行衰竭式开采，再通过注水补充能量。由于注水能量补充效果差，致使后续能量难以补充，水平井开采产量递减快。面对致密油开采初期衰减快、补充能量难等开发难题，研制、开发出一些相应技术。

（1）为解决储层致密问题，增大渗流面积及导流能力。雷群等[26] 2009年研发了适合低孔隙低渗透储层的"缝网压裂"技术；吴奇等[27] 2011年在"缝网压裂"基础上研发出"体积改造"技术。

（2）为解决采收率低问题，释放地层压力。将裂缝性油藏中渗吸采油机理借鉴到致密油开发过程中，形成置换驱替技术。于馥玮、苏航等[28]（2015）对渗吸开发致密油的可行性和促进致密岩心渗吸的表面活性剂优选进行了初步探索，具有润湿性能的表面活性剂为致密油渗吸开发首选。

（3）为解决有效补充能量问题，相继尝试了周期性注水[29]、注水吞吐[30]、CO_2吞吐[31]、压裂液压裂驱油一体化等开发技术。

各个致密油区也都进行了相应的开发尝试，鄂尔多斯盆地长7段致密油开发采用水平井体积压裂后衰竭式开采，待地层能量不足时，运用注水吞吐采油的开发方式[30]；吐哈油田致密油开发采用以致密油体积压裂开发效果和生产特征为基础，结合基础理论研究，创造性地提出致密油注水吞吐开发思路；胡尖山油田安83区长7致密油开采可实施空气泡沫驱、体积压裂不返排焖井扩压、周期注水、吞吐采油、异步注采等方法均取得一定效果，但采用按改造强度定注入周期补充能量的渗吸采油开发方式效果更好[29]。

尽管目前工程上已经形成一系列提高致密油产能的方法，但由于对致密油微观作用机理认识不明确，增产措施效果总体上不尽如人意。要想解决致密油开采中遇到的难题，就必须从根本上解决问题，即从致密油储层微观结构和渗流机理上开展研究。

1.2.3 致密油储层性质

致密油作为一种重要的非常规石油资源,正在逐步成为非常规油气资源开发战略中最有利领域,但也面临很多致密油层特点所带来的问题有待解决。致密油储层具有非均质性强、物性差、孔喉小、渗透率低、天然裂缝发育等特点[6]。以胜利油田为例,致密油藏储层整体特点用五个字概括为"深"(在3500m 以上的致密油储量占 51%)、"细"(喉道中值半径一般小于 0.4μm)、"薄"(油层单层平均厚度小于 1.5m)、"贫"(资源丰度小于 $50×10^4$ t/km² 的储层占55%)、"散"(含油井段跨度大于 50m 的储量占 86%)[24],从而导致地层压力传导慢,压力保持水平低,注水困难,地层能量不易补充;虽然水平井单井控量大,但产量递减快,采出程度低,资源动用程度差;开发过程中基质孔隙内原油难以有效产出[9]。

1.2.4 存在的问题

通过调研文献可以发现,当前对致密油的研究主要存在以下两点问题:一是致密油储层致密,孔喉细小,孔隙结构复杂,裂缝发育,物理实验很难开展,而且常规的储层建模方法难以描述岩石真实微观结构[6]。二是致密油微尺度效应明显,各种机理相互作用,缺乏统一认识和定量研究,常规渗流理论不适用此尺度[9]。总的来说,目前对致密油储层及其流体渗流的研究受限于缺少有效手段和科学定量的方法,很多微观机理只能通过定性或半定量的实验来研究,渗流理论研究的尺度仍然处在宏观层面,许多微尺度下流体渗流机理还无法研究。

1.3 国内外数字岩心研究现状

在数字岩心数值模拟过程中,当前的研究精力主要放在两个方面:一是思考如何使构建的 3D 数字岩心模型能高效、准确地反映储层岩石的真实结构,二是考虑如何在构建的准确模型上开展岩石电学、声学、力学以及渗流特性等岩石物理属性的研究。目前,数字岩心技术在英、美、法等发达国家发展迅猛,成果丰硕;然而,由于我国在数字岩心技术领域起步较晚,目前还处于发展阶段。本节调研了国内外数字岩心技术相关的文献,将国内外数字岩心技术发展和研究现状综述如下。

1.3.1 数字岩心建模技术

目前,依据数字岩心建模时所需的岩石物性资料的不同,可以简单地将 3D 数字岩心构建方法归为三大类:物理实验法、数值重建法和混合建模法。物理实验法是一种利用高倍光学显微镜、扫描电镜(Scanning Electron Microscope, SEM)、X-CT 仪和核磁共振(Nuclear Magnetic Resonance,NMR)等各种岩石物理实验设备,对岩石样品进行间接或直接地 2D 或 3D 成像,然后将成像得到的岩石图像信息通过图像处理和其他数学方法进行 3D 重构,最终得到 3D 数字岩心的方法。数值重建法主要是利用铸体薄片和岩石粒度资料等少量的岩石 2D 或 3D 信息,通过图像分析和数学统计算法提取构建数字岩心的关键信息(如:两点概率函数、线性路径函数等),然后利用数学算法进行 3D 建模。混合建模法是以一种数值重建法的结果作为另一种数值重建法的输入(或通过叠加耦合两个数值重建法的结果)来构建数字岩心的一种混合数值重建新方法。

1.3.1.1 物理实验法构建 3D 数字岩心

采用物理实验法直接构建 3D 数字岩心,即借助各种仪器和不同物理手段对岩石样品进行 3D 扫描或连续切片扫描,从而得到岩石样品的真实 3D 结构。根据岩石物理实验方式的不同,主要分为序列成像法(Serial Section Imaging Method)、聚焦扫描法(Confocal Laser Scanning Method)、核磁共振法(NMR Method)以及 X-CT 法四种。

序列成像法最早是由国外的 Lymberopoulos(1992)[32]、Vogel(2001)[33] 和 Tomutsa(2003)[34-36] 等学者采用,并先后使用该方法构建了不同尺寸的 3D 数字岩心,是一种最古老的构建 3D 数字岩心的方法。在使用序列成像法时,首先要对岩石样品进行抛光处理,制备得到一个相对平坦的平面;然后使用高倍显微镜对抛光面进行成像,拍摄岩石表面微观结构图像;随后沿着抛光面平行切掉一定厚度的岩石表面,对切割后的岩样进行抛光,并再次使用高倍显微镜对抛光面进行成像。重复此过程,直到得到了所需厚度的 3D 数字岩心。最后,将实验成像得到的这些序列图像进行 3D 叠加,即可得到 3D 数字岩心(图 1.1)。这种方法的优点是能够获得岩心高分辨率图像(可达到纳米级),但这种方法的不足是切割和抛光过程费时费力,而且会破坏岩石孔喉结构,所以实际应用效果比较差。

图 1.1 序列成像法构建的数字岩心(孔隙—黑色,骨架—灰色)

20世纪90年代,聚焦扫描微观成像法开始被应用到3D数字岩心构建中,这种方法运用激光扫描共焦显微镜对岩石样品进行成像来获得岩石3D孔隙空间分布[37](图1.2)。具体地,在对岩石样品进行激光扫描前,需要将样品厚度控制在一定范围内,因为射线的最大穿透深度约100μm。此外,还要对样品进

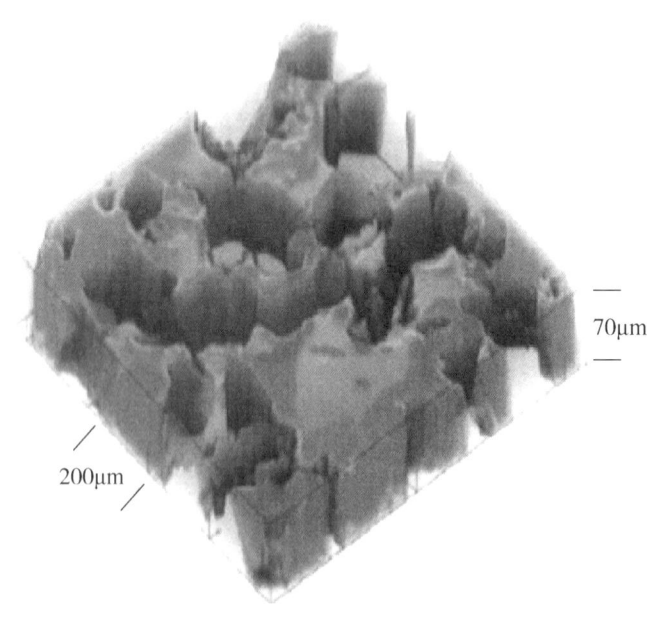

图 1.2 聚焦扫描微观成像法构建的数字岩心
(孔隙—不透明,骨架—半透明)[37]

行干燥，然后将干燥的样品通过抽真空和加压注入染色环氧树脂，因为在受到激光照射时环氧树脂会被激发而产生荧光，所以可以通过检测这种荧光的方法来识别岩石内部孔隙结构。同样地，这种方法的优点是能够获得具有较高分辨率的岩心图像；但缺点也很明显，例如，样品的厚度受到限制，而且灌注环氧树脂会造成岩心孔隙的破坏，以及环氧树脂无法进入细小孔和死孔隙，从而使这些孔隙无法被检测到。所以，这种方法依然存在很大的局限性，不利于大规模使用。

与核磁共振法相比，上述两种方法都需要对岩石样品进行复杂的预处理，而且对样品都具有破坏性。核磁共振成像方法最早由 Lauterbur[38] 于 1973 年提出，之后被广泛地应用到医学、生物学、石油工程以及岩石物理等领域。该方法的明显优势是，实验不会破坏岩石整体结构，通过对岩石孔隙中饱和流体中氢信号的检测来识别岩石骨架和孔隙，进而可以得到能够区分岩石骨架和孔隙的 3D 数字岩心(图 1.3)。此外，由于核磁共振法表征的是岩石孔隙中流体的分布，使得其对岩石孔隙结构和连通性的表征非常精确，这一优势极大地有利于后期开展的数字岩心渗流模拟。但是，这种方法同样也存在明显的劣势，即成像分辨率不够高，难以对致密砂岩和页岩等进行成像；此外，利用核磁共振成像只能表征到饱和了流体的那部分孔隙，而对流体未饱和的孔隙和死孔隙无法识别；而且核磁信号转换为孔喉参数算法也会影响模型精度。因此，该方法目前很少在数字岩心领域得到应用。

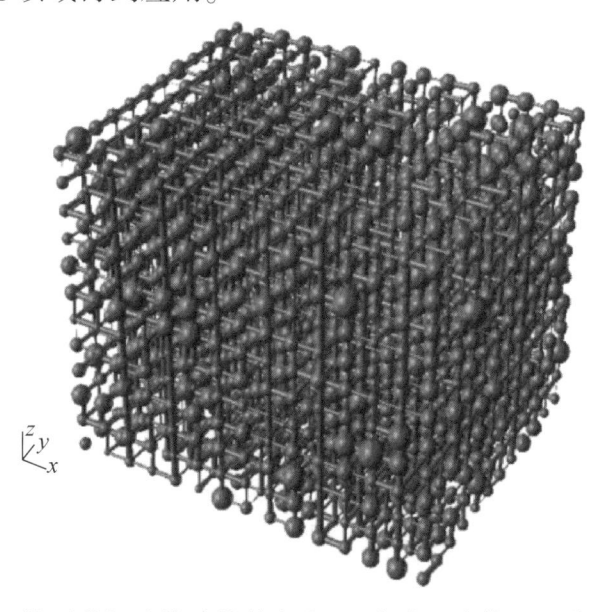

图 1.3 核磁共振法构建的数字岩心(孔隙—球体，喉道—圆管)

相比之下，X-CT法可以更直接、更准确地构建3D数字岩心，是一种比较实用的方法(图1.4)。其基本原理是利用X-CT仪直接对岩石样品进行无损层析透射，检测器接收穿过岩石样品的X射线后，先通过光电转换器，将X射线转换成由可见光组成的电信号，然后通过模拟数字转换器转换成数字信号；最后，由计算机处理信号以获得3D灰度体积数据。在实际扫描过程中，将样品细分为相同体积的体素，每个体素的X射线衰减系数都是通过矩阵中的扫描和排列来确定的，然后将其转换为灰度体积数据。衰减系数是鉴别数字岩心组分的关键指标；一般来说，被样品吸收的X射线的数量取决于样品中组分的密度；因此，吸收系数反映了样品的材料组成。对于只包含两相(骨架和孔隙)的数字岩心而言，骨架相的衰减系数最高，孔隙相的衰减系数最低，因而使用X-CT法很容易得到包含岩石真实孔隙结构的3D数字岩心。X-CT法是一种非侵入、无损的建模方法，目前在数字岩心领域应用广泛。

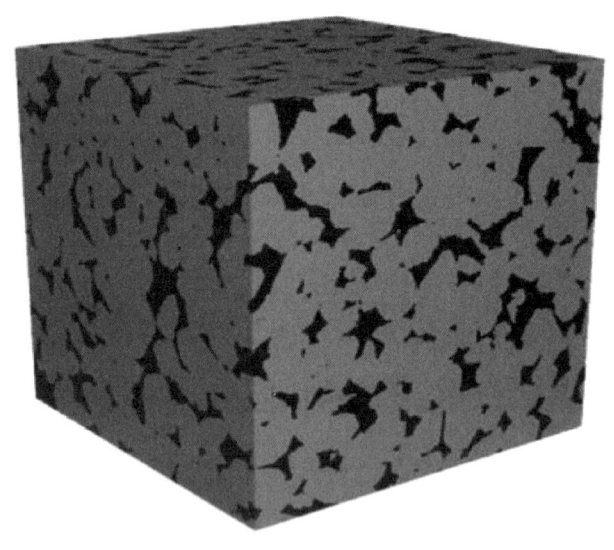

图1.4　X-CT法构建的数字岩心(孔隙—黑色，骨架—灰色)

自20世纪80年代初科学家们研制出世界上第一台X-CT仪以来，X-CT成像技术在生物医学、材料科学、地球科学等领域得到快速发展和广泛应用。20世纪90年代初，Dunsmuir等[39]对X-CT技术进行改造，并首次将其应用到石油工业领域。之后，Rosenberg等美国学者(1999)将X-CT成像技术引入数字岩心领域，建立了Fontainebleau砂岩的3D数字岩心[40]。在此之后，利用X-CT技术，澳大利亚学者Arns等(2002)分别建立了四种孔隙度(8%、13%、15%和22%)的Fontainebleau砂岩的3D数字岩心[41]。紧接着，Coenen等[42](2004)利用微米CT成像技术，成功构建了第一块分辨率小于$1\mu m$的3D数字岩心。随着数字岩心技术在国内的兴起，许多专家学者也开展了 X-CT 法的研究和应用。为了评价过程法建模的准确性，2013 年，闫国亮等[43]对比了过程法构建的数字岩心与 X-CT 得到的数字岩心的微观结构的相似程度，结果表明过程法构建的数字岩心虽然具有良好的孔隙连通性，但难以重构真实岩石的复杂微观结构。2014 年，屈乐、孙卫等[44]利用微米 CT 与压汞、核磁结合构建低渗透储层数字岩心，在孔隙结构参数定量求取、饱和度与渗透率精细模型构建、核磁资料提取粒度特征三个方面，形成了新的技术方法。2015 年，高兴军、齐亚东等[45]进行了数字岩心分析与真实岩心实验平行对比研究，将微米 CT 构建的大庆砂岩数字岩心分析结果与恒速压汞实验测试结果相对比，分析结果验证了 CT 法构建数字岩心的准确性和可靠性，并建议增加平均喉道半径作为更严格的约束条件。2016 年，李易霖、张云峰等[46]利用 VGStudio MAX 强大的 CT 数据分析功能，结合 Avizo 软件先进的数学算法，建立了大安油田扶余油层致密砂岩多尺度 3D 数字岩心，同时结合环境扫描电镜(ESEM)、Maps 图像拼接技术、铸体薄片、恒速压汞等油气分析测试方法对扶余油层微观孔隙特征进行了定量表征。基于纳米 CT 数字岩心技术，郭雪晶等[47]（2016）对页岩的微观孔隙结构和孔隙分布特征进行研究，并 3D 重构了页岩样品中孔隙、黄铁矿和有机质等组分；在此基础上，他们还探讨分析了页岩孔隙结构特征、孔隙的连通性以及页岩组分的空间展布等，并得到页岩孔隙数量和孔隙体积差分分布曲线。可见 CT 构建 3D 数字岩心技术主要兴起并发展于国外，目前在国内数字岩心领域得到广泛应用；同时还应该清楚地认识到，该技术目前在国内整体还处于发展阶段，还有大量的研究工作需要开展。

1.3.1.2 数值重建法构建 3D 数字岩心

采用物理实验法建立数字岩心的主要优点是准确可靠，构建的模型与真实岩石结构基本相同；存在的明显不足是样品预处理和成像过程费时费力，价格昂贵，而且在一个区域开展大量采样研究难度较大。基于此，开发出仅需要采集少量岩石物理信息就可以构建出岩石结构模型的方法具有重要的应用价值和理论意义。在此背景下，数值重建法应运而生，其主要是基于少量的岩石物理信息，如岩石的 2D 薄片和粒度信息等，并借助各种数学算法来完成 3D 数字岩心的构建。目前，常用的数字岩心数值重建算法包括：高斯场法(Gaussian Random Field Method，GRFM)、模拟退火法(Simulated Annealing Method，SAM)、多点地质统计法(Multiple-Point Geostatistics Method，MPGM)、顺序指示模拟法(Sequential Indicator Simulation Method，SISM)、马尔科夫链蒙特卡洛法(Markov Chain Monte Carlo Method,MCMCM)和过程模拟法(Process-Based Method,PBM)。

20世纪70年代初,高斯场法最早由美国学者Joshi[48]提出并且建立了3D数字岩心(图1.5)。高斯场法建立数字岩心的具体流程包括:

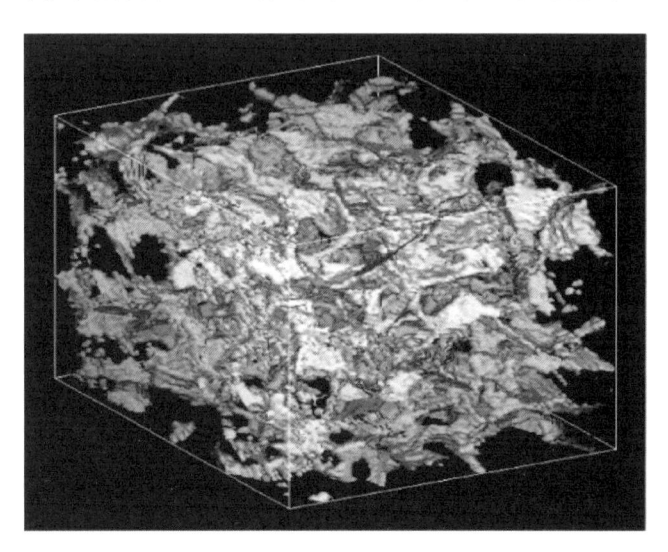

图1.5 高斯场法构建的数字岩心

(1)首先,制作岩石薄片并统计薄片信息,包括孔隙度和相关函数等;

(2)然后,随机产生一个满足标准正态分布的数据集(或称高斯场);

(3)再利用步骤(1)中获取的薄片信息作为统计约束条件,对步骤(2)中的数据集进行线性变换,使其中的独立变量具有相关性;

(4)最后,使用非线性变换处理步骤(3)中得到的数据集,将其转化为具有一定孔隙度和相关函数的数字岩心。

限于当时的计算机运算能力,Joshi构建的仅仅是2D数字岩心,并没有实现3D数字岩心构建。基于Joshi的算法,Quiblier[49](1984)对其进行改进并首次实现了使用高斯场法建立的3D数字岩心。在这之后,基于Quiblier的方法,Adler等[50]将周期性边界条件和傅里叶变换引入到建模方法中,从而大幅地提高和改善了高斯场法的建模速度和效果。不仅如此,为了实现更快的建模速度,Ioannidis[51]等通过多年努力和系统性总结、研究,在1995年提出一种更加快速的傅里叶变换方法。

考虑到高斯场法(GRFM)存在建模准确性低等诸多问题,1997年美国学者Hazlett[52]首先提出了一种新的基于模拟退火(SA)优化算法的数字岩心重建方法——模拟退火算法(SAM)(图1.6)。该算法的建模思路是:在对岩石2D切片孔隙度、两点概率函数和线性路径进行评估后，首先构造一个与岩石 2D 切片具有相同孔隙度的 3D 数字岩心，然后利用 SA 优化算法对数字岩心进行优化。在优化的每次迭代过程中，随机选取一个孔隙体素点和骨架体素点进行交换，同时计算此时系统的目标函数。如果目标函数的值减小，则更新 3D 数字岩心，然后继续迭代直到目标函数的值不再减小为止，得到重构的 3D 数字岩心。由于模拟退火算法能够考虑更多的岩石物理参数，所以构建的 3D 数字岩心比高斯场法建立的模型更准确，而且所建立的数字岩心也更接近真实岩石多孔介质。1998 年，Yeong 等[53]研究和评估了模拟退火算法重构 3D 数字岩心的能力以及在不同建模函数下输出的数字岩心结果，研究结果肯定了模拟退火算法的建模能力，而且发现可以通过改变路径函数的方式来提升 3D 数字岩心的真实性。在此后的研究过程中，通过定量对比高斯场法、模拟退火算法构建的数字岩心与真实岩心 CT 图像，Hazlett[52]、Biswal 等[54]、Oren 和 Bakke[55]等发现，前两种方法重构的 3D 数字岩心与真实岩心 CT 图像在统计特性上几乎相同，但是在孔隙结构特征和孔隙连通性方面，前两种数值重建法构建的 3D 数字岩心与实际岩心差异较大，且普遍存在数字岩心传导性与实测结果偏离较大的情况。2007 年，姚军、赵秀才等[56]利用模拟退火法重构了 3D 数字岩心，并采用格子 Boltzmann 方法对所建数字岩心的传导性进行了评价。2019 年，宋帅兵[57]提出了能够构建 3D 大尺寸数字岩心的改进的模拟退火算法，该方法被认为可以大大地缩短 3D 大尺寸数字岩心的重构时间。此外，国内还有其他相关学者也对模拟退火算法做了相当研究和贡献。

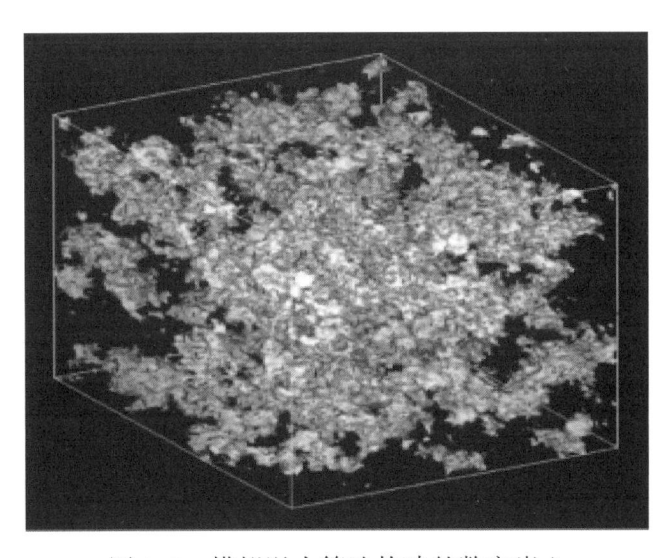

图 1.6 模拟退火算法构建的数字岩心

由于未将孔隙空间的相关性考虑到建模过程中,所以上述两种方法在预测岩石的传导性方面还存在很大的局限性。1992 年,Bryant 和 Blunt[58]提出了通过模拟地质沉积过程来建立 3D 数字岩心的方法,即过程模拟法(PMB)(图1.7)。然而,由于他们当初简单地选用等径小球堆积算法来重构 3D 数字岩心,所以导致他们构建的模型过于理想化,具有很强的局限性。此后,Bakke 和 Oren[59](1997)对 Bryant 和 Blunt 提出的方法进行了改进。具体而言,他们首先从岩石的 2D 图像或粒度分析资料中得到岩石的粒径分布,然后使用不同粒径的小球模拟岩石的沉积、压实和成岩作用来构建 3D 数字岩心。在模拟过程中,控制沉积过程和成岩作用的参数主要包括孔隙度、压实系数和胶结系数等;此外,为了与真实情况更相符,他们还特别将石英的胶结作用和黏土矿物的充填作用考虑进了成岩模拟过程。利用改进的过程模拟法,他们建立了 Fontainebleau 砂岩的 3D 数字岩心,并将数字岩心结果与真实 Fontainebleau 砂岩切片图像作了定量对比,结果显示该过程法能够较好地重构岩石的真实孔隙结构,而且构建的模型具有很好的孔隙连通性,这一结果验证了该算法的可行性和准确性。2000 年,Oren 和 Bakke[60]又对先前的算法进行了适当改进,主要是用不等径椭圆小球代替了原来的不等径圆形小球,在模拟成岩作用时,除了将石英的自生加大作用考虑进来,还考虑了蒙皂石、绿泥石等黏土矿物的自生作用。此外,在 Bakke 和 Oren 提出的算法基础上,Cochlo[61](1997)和 Pillotti[62](2000)两位学者也对过程法进行过改进,他们评价了不同形状的小球在堆积模拟中的效果,这一研究对提高过程法构建 3D 数字岩心的精度大有裨益。国内在过程法构建数字岩心方面也有研究,例如,2009 年,孙建孟等[63]混合过程法和模拟

图 1.7 过程法构建的数字岩心(孔隙—黑色,骨架—灰色)

退火法，建立了Fontainebleau砂岩的孔隙空间模型。总的来说，能够构建较好地反映真实岩石的各向异性和孔隙空间连通性的3D数字岩心是过程法建模的最大优势，但由于无法全面考虑复杂的地质过程，还应当加强对该方法的研究。

除了上面提到的高斯场法(GRFM)、模拟退火法(SAM)和过程法(PBM)外，Okabe和Blunt[64](2004年)还提出了另外一种构建3D数字岩心的方法——多点地质统计法(MPGM)(图1.8)。使用该方法重建一个数字岩心，可以分为以下四个步骤：首先建立一个2D切片的搜索模板和搜索树；其次，将原始数据重新加载到最近的模拟网格节点，并在模拟过程中固定；接下来，定义一条随机访问所有体素的路径，使用搜索模板来定义条件数据事件，基于搜索树计算条件概率分布函数(CPDF)，用函数计算模拟值，并通过迭代生成新的2D图像；最后，使用重建的图像作为一个新的训练图像来生成下一层图像，如此往复最终可以用这些图像来生成一个新的3D数字岩心。与过程法相似，这种方法可以得到孔隙连通性良好的3D数字岩心，但其主要的缺点是建模速度较慢[65]。

图1.8 多点地质统计法构建的数字岩心(孔隙—黑色，骨架—灰色)

国内关于顺序指示模拟法(SISM)的研究颇多(图1.9)，例如：在2007年和2008年，基于岩石铸体薄片，以岩石孔隙度和变差函数为约束条件，朱益华等[66]先后利用顺序指示模拟方法重构了不同尺度的3D数字岩心；几乎同一时期，利用局部孔隙度理论和渗流理论，刘学锋等[69](2009)对顺序指示模拟法的建模准确性进行了评价，他们发现使用顺序指示模拟法重构的数字岩心在统计特性上与真实岩心相似，但数字岩心的孔隙连通性比真实岩心差很多。2006

年，Wu 等[70]提出了构建 3D 数字岩心的马尔科夫链蒙特卡洛法(MCMCM)(图 1.10)。这种方法是一种非常可靠的数字岩心重建方法，其构建的数字岩心具有良好的孔隙连通性；但是，MCMCM 重建的数字岩心各向异性较弱，而且孔喉半径分布非常集中，这些因素使其不太适用于构建非均质性较强的岩心。

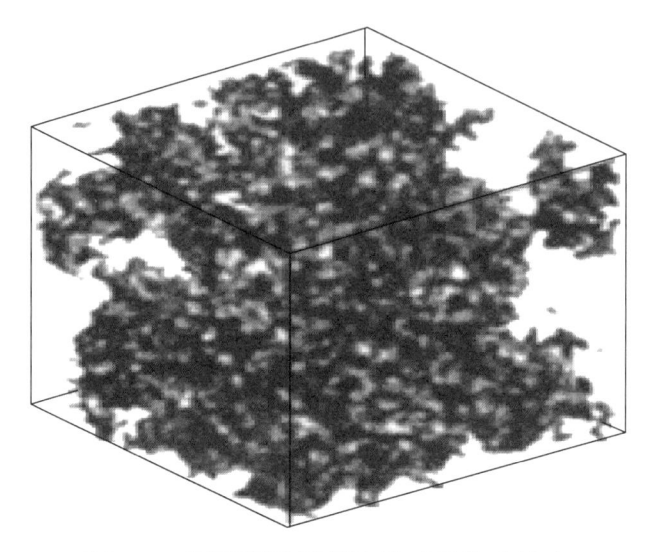

图 1.9 顺序指示模拟法构建的数字岩心

图 1.10 马尔科夫链蒙特卡洛法构建的数字岩心(孔隙—黑色，骨架—灰色)

除过程法外，上述提到的这些数值重建算法都能够建立任意岩性的 3D 数字岩心，但需要注意的是，其建立的数字岩心模型都是各向同性的，与实际岩石孔隙结构存在差别。因此，数值重建法构建的 3D 数字岩心的优势主要体现在岩石物理机理特征的研究上，当涉及具有各向异性的实际岩石物理特征时，数值重建法仍然存在较大的局限性。

1.3.1.3 混合法构建 3D 数字岩心

为了克服单一方法建模的诸多缺点,一些学者提出了将不同建模方法相互混合的想法。考虑到截断高斯场法(Truncated Gaussian Random Field Method,TGRFM)具有建模速度快,且模拟退火法(SAM)约束条件多而建模更加准确的特点,Talukdar 等[71](2002)把 TGRFM 生成的图像作为 SAM 的输入,建立了模型质量更高的 3D 数字岩心。类似地,Politis 等[72](2008)、Liu 等[73](2009)结合 SAM 和过程法(PBM)先后重建了准确性更高的 3D 数字岩心;他们的建模过程基本相似,都是先用 PBM 生成初始的 3D 数字岩心,然后将初始模型作为 SAM 的输入,当达到 SAM 条件时,即输出最终的数字岩心模型;两者的混合与传统的 SAM 相比,该方法建模效率更高,所建模型更加准确。

由于页岩基质中同时存在有机质孔隙和无机质孔隙,杨永飞等[74](2015)建立了能同时描述这两类孔隙的数字岩心模型。具体地,首先,基于多点地质统计法(MPGM)构建了无机孔数字岩心;然后,基于马尔可夫链蒙特卡洛法(MCMCM)构建了有机孔数字岩心;最后,根据叠加算法将两种类型的数字岩心叠加在一起,构建同时包含页岩有机孔隙和无机孔隙的 3D 数字岩心。结果表明,页岩样品的孔径分布一般在 2~100nm 之间,主要分布在 5~20nm 之间,配位数主要分布在 2~3 之间,数字岩心结果与实验结果在一定程度上吻合。2016 年,莫修文等[75]将 SA 算法与基于择多算子的随机搜索算法相结合,提出了一种 3D 数字岩心的补充 SA 优化方案。该方案改善了重建数字岩心孔隙空间的形状和连通性,使重建的 3D 数字岩心更加逼真。针对 X-CT 法样品尺寸和成像分辨率存在固有矛盾的问题,2016 年姜黎明等[76]提出了 CT 法与随机网络法混合的数字岩心建模方法。具体地,首先利用微米 CT 构建大孔隙数字岩心;然后通过压汞实验获取微米 CT 分辨率识别不到的微孔隙半径分布,采用随机网络法构建微孔隙网络模型,再利用网格法将其转化为微孔隙数字岩心;最后使用多尺度算法将两种数字岩心融合即可得到高精度的数字岩心。

综上所述,多种建模方法相结合可以形成优势互补,在很大程度上解决单一数字岩心建模方法存在的缺点。混合法是一种比较有发展前景的方法,特别是用于构建具有复杂孔隙空间结构的数字岩心模型。

1.3.2 基于数字岩心的岩石物理数值模拟

获取岩石物理属性的三种常用方法:物理实验、理论计算和数值模拟[77-79]。岩石物理实验是当前最普遍地用于获取岩石物理参数的方法,其具有直接和准确等特点;但随着研究对象从常规储层转向非常规储层(致密砂岩、页岩等),常规的岩石物理实验方法存在实验成本高、周期长和实验误差大等问题。而理论计算方法的特点是便捷、高效,能够很快获得储层岩石物理信息;但对非均质性和各向异性比较强的非常规储层,该方法获取的岩石物理信息往往不准确或存在明显错误。不同于前两种方法,岩石物理数值模拟方法兼有二者的优点,特别是基于数字岩心的数值模拟方法,既有岩石物理实验方法的准确,又有理论算法的便捷,因此又被称为数字岩石物理实验。其优点具体表现在以下几个方面[80]:

(1)通常建模所需时间短、速度快,而且花费的成本不算高;

(2)一旦建立起了数字岩心模型,可以基于模型开展无数次模拟实验,也可以开展严格的对照性实验研究;

(3)可以得到如岩石三相相对渗透率等常规实验难以测量的物理量;

(4)可以灵活调整模型的参数,包括储层参数和流体参数,便于开展机理研究;

(5)对疏松岩石和裂缝性岩石等岩心仍能建模,克服了岩心资料不全或缺乏的困难。

国外最早开展依托数字岩心的岩石物理数值模拟,目前国内在该领域的研究也正如火如荼地开展。21世纪初,澳大利亚国立大学(Australian National University)[81-87]、帝国理工学院(Imperial College London)[88,89]、法国石油研究院(Institut Francais Du Petrole)[90,91]和斯坦福大学(Stanford University)[92]等开展了大量的研究并取得了重要突破。近年来,国内的中国石油大学(华东)[43,56,63,65,69,76,80]、中国石油大学(北京)[47,66-68]、西北大学[44]和吉林大学[75]等高校也形成了一定规模的数字岩心科研团队,但与国外数字岩心技术相比,由于起步晚,形成的科研成果还相对较少。

基于建立的3D数字岩心模型,可以开展对岩石的声学、力学、弹性特征、电性特征以及渗流特征等物理属性的数值模拟。鉴于本书只讨论岩石的渗流特性,故下文只对渗流模拟的研究现状做简要介绍。

当前,国内外基于数字岩心比较成熟的渗流特性数值模拟方法主要有逾渗网络模型方法(Percolation Network Modeling Method,PNMM)和格子玻尔兹曼方法(Lattice Boltzmann Method,LBM)。

早在20世纪50年代,逾渗网络模型概念就已经被提出,目前在油气领域已经得到广泛的研究和应用。1957年，为了研究不规则多孔介质中流体的流动规律，Broadbent和Hammersley[93]第一次创造性地提出了逾渗的概念，而且通过统计学的方法，他们还研究了不规则多孔介质的几何特征和多孔介质中流体的传输特性，进而产生了最初的孔隙介质逾渗理论。此后，通过大量的模拟研究，Heiba等[94]发现能够使用随机网络范围内的孔隙尺寸分布来表征多孔介质孔隙的几何形态特征，结合此理论他利用逾渗理论研究了相对渗透率在排驱和吸入过程中的变化。PNMM很早就被应用到岩石电性和渗流特性的模拟研究，伴随3D数字岩心技术的兴起和发展，依托数字岩心的PNMM得到快速发展。典型的就是帝国理工学院的Piri和Blunt[95]两位学者，他们利用X-CT构建了3D数字岩心并使用最大球算法提取了该数字岩心的孔隙网络模型，最后通过逾渗网络模型完成了数字岩心绝对渗透率和相对渗透率的估算。同样地，2008年来自法国石油研究院的学者Yousef[90]使用相同的方法建立了3D数字岩心的孔隙网络模型，并通过逾渗网络模型系统地模拟和研究了岩心的渗流特性。2019年李俊键等[96]在研究新疆莫北油田砂砾岩储层水敏伤害问题时，通过对比水敏前后重构的3D数字岩心，对水敏损伤机理进行了分析，利用重构的数字岩心并基于逾渗理论模拟了两相渗流过程，获得了伤害前后相渗曲线的变化特征。在计算中，把3D数字岩心抽象化是逾渗网络模型的最大特点，这种简化运算可以极大程度地简化计算过程，但同时也相应地增加了数值模拟的不确定性。

与逾渗网络模型方法相比，格子玻尔兹曼方法是目前在数字岩心渗流特征模拟中应用比较广泛的另外一种重要方法。格子波尔兹曼理论是从最初的格子气自动机演变而来，它不仅拥有格子气自动机算法的优点，还改善了数值模拟的稳定性。传统数值方法与格子玻尔兹曼方法区别在于前者是从连续系统的偏微分方程出发，而后者是对数学物理问题建立不同的离散模型。得益于格子玻尔兹曼方法的完全并行性，使其极大地提高了数模运算的效率和速度。近年来，该方法在理论分析和计算机模拟研究领域都取得了长足的进展[89-92]。在格子玻尔兹曼方法的主要用途中，当前使用最多的还是将其应用于多孔介质渗流特征模拟中。而且，伴随3D数字岩心技术的日益成熟，数字岩心和格子波尔兹曼方法的结合将在多孔介质渗流研究领域大放异彩。最早将格子玻尔兹曼理论应用到数字岩心领域是在20世纪90年代，当时Martys等学者[97-99]采用了双相不相溶流体的LBM模型估算了尺寸为64×64×64像素的3D数字岩心的相对渗透率，但由于所建立的3D数字岩心模型的尺寸太小，所以该条件下计算的结果可信度较低。此后,Arns 等使用 LBM 方法计算了更高精度的 3D 数字岩心的绝对渗透率,这次得到的模拟结果与实际实验结果比较接近。Ayako Kameda[100](2004)利用 LBM 和多尺度融合算法对不同尺度数字岩心渗透率之间的关系进行了研究。

综上所述,LBM 已经发展成为一种被广泛应用的高效而且快速的数值模拟方法;随着数字岩心技术的快速发展,相信该算法在岩石渗流特征模拟中将发挥越来越重要的作用。

1.3.3 存在的问题

当前,数字岩心建模方法主要分为物理实验法、数值重建法和混合法。物理实验法主要利用 X-CT 仪、扫描电镜和铸体薄片等手段建立 3D 数字岩心;数值重建法主要是利用少量岩石物理信息(如 2D 扫描图像)通过数值计算的方法重构 3D 数字岩心,包括:模拟退火算法、高斯场法、马尔科夫链蒙特卡洛法、过程法等;混合法是以一种数值重建法的结果作为另一种数值重建法的输入(或通过叠加耦合两个数值重建法的结果)来构建数字岩心的一种混合数值重建新方法,主要包括混合模拟退火法(SA-SA)、混合高斯场法和模拟退火法(TGRFM-SA)、混合过程法和模拟退火法(PBM-SAM)、混合马尔科夫链蒙特卡洛法(MCMC-MCMC)等。数值重建法因其建模成本低廉、耗时短、所需岩石物理信息少等优点受到国内外学者广泛研究,但其构建的数字岩心与真实岩心存在显著差别,无法建立反映真实储层微观结构的数字岩心;而且,受计算机运算能力限制,重构的数字岩心物理尺寸一般较小(微米—毫米级别),往往缺乏代表性。目前,构建数字岩心最准确的方法是 X-CT 法,其通过 X 射线断层扫描,可以构建真实反映岩石微观结构的 3D 数字岩心;但受扫描分辨率与扫描样品尺寸成反比关系限制,扫描精度越高扫描样品尺寸越小,包含的岩石物理信息越少,建立的数字岩心往往缺乏代表性,这一缺陷在非均质性极强的致密油储层数字岩心建模上表现得尤为明显;不仅如此,受仪器分辨率限制,低于扫描分辨率的微观孔隙结构无法被仪器识别,导致建立的致密油储层数字岩心在孔隙度、连通性等宏观性质上和真实岩石存在差异。而且,一次 X-CT 只能确定一个固定分辨率,由于缺少多尺度融合技术,单精度下 CT 难以建立致密油储层跨尺度数字岩心,因而无法反映岩石整体宏观性质(连通性、非均质性等)。混合法虽然克服了单一数值重建法构建数字岩心的诸多缺点,构建的混合数字岩心模型连通性明显改善,孔隙结构更加复杂;但混合法中采用数值法构建的孔隙结构与真实岩石孔隙结构仍然存在差别,而且利用叠加耦合法时容易造成孔隙的错误叠加。

除此之外,虽然目前数字岩心技术在中高渗透—低渗透砂岩和碳酸盐岩中应用相对成熟,但针对致密油储层这类复杂多孔介质,目前尚无针对性的建模方法。当前主要采取的措施是在致密岩石成像中使用了各种高分辨率仪器(如纳米CT、FIB-SEM),但建立的数字岩心模型准确性和代表性仍受成像分辨率和样品尺寸的矛盾限制。如:刘伟等[101](2013)利用多点地质统计法建立了致密砂岩数字岩心,通过数值模拟,研究了致密油储层孔隙结构类型、泥质质量分数和地层水矿化度等因素对阿尔奇公式中饱和度指数和胶结指数等参数的影响。邹友龙等[102](2015)使用过程法重构了致密油储层数字岩心,并利用随机行走法模拟不同成岩过程岩石的核磁共振响应以及不同润湿性岩石孔隙中流体的核磁共振响应。李易霖、张云峰等[46](2016)利用VGStudio MAX CT数据分析功能,结合Avizo软件,建立了大安油田扶余油层致密砂岩3D数字岩心,同时结合环境扫描电镜(ESEM)、Maps图像拼接技术、铸体薄片、恒速压汞等油气分析测试方法对扶余油层微观孔隙特征进行了定量表征。盛军等[103](2018)使用不同分辨率X-CT建立了不同级别的致密油储层3D数字岩心,利用最大球算法提取数字岩心孔隙网络模型,基于孔隙网络模型模拟了致密油储层物性参数、进汞曲线以及孔喉分布曲线、两相渗透率曲线并与室内常规实验结果平行对比。Lv等[104](2019)使用纳米CT和Avizo软件建立了致密砂岩储层数字岩心,并使用COMSOL软件开展数字岩心渗流模拟,评价了致密油储层渗流半径。由于致密油储层数字岩心目前主要是利用常规的建模方法或软件(X-CT法、数值重建法、AVIZO)进行研究,方法的适用性问题未考虑,建立的数字岩心模型也是单一精度的,影响了致密油储层数字岩心建模的精度。不同于常规储层,致密油储层非均质性强,孔喉比大(50~1000),主体孔径分布范围广(亚微米至几百微米),喉道半径小(超纳米至亚微米),而且微纳米孔喉对流体渗流起关键作用。基于目前的数字岩心建模方法,难以有效建立符合致密油储层基本特征的多尺度数字岩心。

综上所述,尽管国内外学者在数字岩心技术研究方面做了不少工作,但由于致密油藏储层的特殊性和流体复杂渗流过程,许多问题仍然存在,有待进一步的研究。主要包括以下四点:

(1)目前的数字岩心建模方法都存在各自不足,单一的物理法和数值法只能建立单一精度的数字岩心,无法建立包含致密油储层全孔隙结构的数字岩心；

（2）目前的混合法虽能建立包含多尺度孔隙结构的数字岩心，但仍难摆脱数值法的固有缺陷，建立的各部分孔隙与真实岩心存在差别，需要进一步完善；

（3）致密油储层发育复杂多尺度孔喉系统，微小孔喉对流体渗流起到关键作用，当前的数字岩心建模方法很难建立符合致密油储层特征的多尺度数字岩心；

（4）基于准确的致密油储层数字岩心模型，考虑储层润湿性、流体性质和毛细渗吸效应等对流体微观渗流影响研究不足，认识不够深入。

2 同步辐射光源成像技术与混合建模新方法

2.1 同步辐射光源

同步辐射光源因其具有诸多优异特性，已经成为继 X 光和激光诞生以来的又一种对科学技术发展和人类社会进步带来革命性影响的重要光源。到 20 世纪 90 年代，同步辐射已经被广泛地应用到材料科学、化学、物理学、医学、药学、生命科学、环境科学、信息科学、能源科学和地球科学等领域。同步辐射作为光源，其主要特点可归结为：

（1）极高的亮度，与实验室最好的转靶 X 光机相比，同步辐射光的强度是其一万倍甚至一百万倍以上；

（2）连续且宽阔的光谱，范围可从远红外到硬 X 射线；

（3）有时间结构，通常同步辐射光脉冲的脉宽为几十皮秒量级；

（4）具有偏振性；

（5）具有准直性；

（6）同步辐射的光谱可精确计算。

1968 年，世界上第一台电子储存环能量为 240MeV 的专用同步辐射装置，在美国威斯康星大学建造。目前，全世界相继已有 20 多个国家和地区，建成同步辐射装置 50 余台。国外主要包括法国 Grenoble 电子能量为 6GeV 的欧洲同步辐射装置（European Synchrotron Radiation Facility，ESRF）、美国阿贡国家实验室（Argonne National Laboratory，ANL）电子能量为 7Gev 的先进光源（Advanced Photon Source，APS）、日本原子能研究所和理化所共同筹建的电子能量为 8GeV 的超级光子源（Spring-8）、美国加州 SLAC 国家加速器实验室（SLAC National Accelerator Laboratory）的斯坦福同步辐射光源（Stanford Synchrotron Radiation Lightsource，SSRL）、瑞士同步辐射光源（Swiss Light Source，SLS）和美国能源部所属劳伦斯伯克利国家实验室(Lawrence Berkeley National Laboratory,LBNL)的先进光源(Advanced Light Source,ALS);国内主要有北京正负电子对撞机国家实验室的同步辐射装置(Beijing Synchrotron Radiation Facility,BSRF)、中国科学技术大学国家同步辐射实验室(National Synchrotron Radiation Laboratory,NSRL)的合肥光源(Hefei Light Source,HLS)和位于上海浦东张江高科技园区的上海光源(Shanghai Synchrotron Radiation Facility,SSRF)。

劳伦斯伯克利国家实验室的先进光源(ALS)(图2.1)是世界上紫外线和软X射线束流最亮的光源,也是其能区内世界上第一台第三代同步辐射光源,ALS于1987年开始建造,1993年3月建成,同年10月22日投入运行,造价为9950万美元,ALS由美国能源部基础能源科学处提供经费支持。

图2.1 劳伦斯伯克利国家实验室的先进光源

上海光源(SSRF)是一台高性能的中能第三代同步辐射光源(图2.2),位于上海浦东张江高科技园区,工程于2004年12月25日动工,于2009年4月完成调试并向用户开放,由中国科学院上海应用物理研究所负责运行;工程包括三大加速器,分别是一台150MeV的电子直线加速器、一台能在0.5s内把电子束能量从150MeV提升到3.5GeV的全能量增强器和一台周长为432m的3.5GeV高性能电子储存环。

相比普通的X-CT、SEM等物理成像设备,同步辐射CT(Synchrotron Radiation Computerized Tomography,SR-CT)具有卓越的物质成像特性,而且目前在数字岩心领域尚未见使用光源成像岩石的报道;本书首次介绍了劳伦斯伯克利国家实验室的先进光源(ALS)和上海光源(SSRF)在致密砂岩样品成像中的探索效果。

图 2.2　上海光源

2.1.1　同步辐射光源实验和样品

表 2.1 是用于同步辐射成像的典型致密油区砂岩样品，岩心基础物性参数和实验设置见表 2.1。

表 2.1　岩石物理参数和实验设置

编号	岩性	区块	孔隙度(%)	渗透率(mD)	成像分辨率(μm/像素)	线站
29	砂岩	吉林	10.42	0.107	0.65	SSRF BL13W1 线站
33	砂岩	吉林	10.91	0.117	0.325	SSRF BL13W1 线站
91	砂岩	大港	12.82	0.565	0.65	ALS BEAMLINE 8.3.2
92	砂岩	大港	14.80	1.257	0.65	ALS BEAMLINE 8.3.2
112	砂岩	长庆	12.10	0.335	0.65	ALS BEAMLINE 8.3.2
136	砂岩	长庆	8.76	0.051	0.65	ALS BEAMLINE 8.3.2

图 2.3 为手工制作的尺寸约为 300μm 的 33 号岩心同步辐射光源成像样品，图 2.4 为上海光源 BL13W1 线站同步辐射成像样品台。图 2.5 为机钻的直径约为 1.0cm 的 136 号岩心同步辐射光源成像样品，图 2.6 为劳伦斯伯克利国家实验室的先进光源 BEAMLINE 8.3.2 线站同步辐射成像样品台。

劳伦斯伯克利国家实验室的先进光源成像实验流程与上海光源基本相同。这里以上海光源为例介绍 SR-CT 成像实验基本步骤：

（1）打开 SR-CT 配套的控制软件，根据成像分辨率的需求，进行调试，使样品处于合适的观测区域；

图 2.3　33 号致密砂岩同步辐射光源成像实验样品

图 2.4　上海光源 BL13W1 线站同步辐射成像样品台

图 2.5　136 号致密砂岩同步辐射光源成像实验样品

图 2.6　劳伦斯伯克利国家实验室的先进光源
BEAMLINE 8.3.2 线站同步辐射成像样品台

（2）将载有样品的"T"形台安放在 SR-CT 测试平台上；

（3）对棚屋进行由里到外的检查，确定无人后，退出并关闭棚屋，然后长按打开光源；

（4）调试参数，能量为 18.5keV，样品到探测器的距离为 100mm，分辨率采用了 0.65μm/像素和 0.325μm/像素两种；

（5）调整样品载台位置，先上下、再左右，最后按 90°一次，依次旋转一周，确保从四个方向观测，样品都处于观测区域内合适的位置；

（6）退出预设，点击测试按钮，进行 SR-CT 成像。

2.1.2　同步辐射光源数据处理

和通常的 CT 成像不同，虽然同步辐射光源成像得到的投影图也为 TIFF 格式，但这些图像数据不能直接使用，需要使用 PITRE 软件（Phase-Sensitve X-Ray Image Processing and Tomography Reconstruction）对 SR-CT 投影图进行相位恢复、平行光 CT 切片重构等处理，才能得到通用的 TIFF 格式的切片（Slices）扫描图像。例如，33 号样品共包含 1216 个 SR-CT 投影图像文件（位深度为 16 比特，大小为 2048×2048）：tomo_0_00001.tif ~ tomo_0_01216.tif；这些投影图经过 PITRE 处理后得到 2048 个切片（位深度为 8 比特，大小为 2048×2048）：slice_000001.tif ~ slice_002048.tif。

考虑到后续要对模型进行 3D 打印,而目前还没有满足纳米级精度要求的 3D 打印机可用,所以数字岩心 3D 打印的研究目标是实现致密油储层数字岩心的放大打印,以便可以直观观察致密油储层岩心孔隙结构及其他物理特征,也为将来实现数字岩心 1∶1 打印做探索性研究和技术储备。本书以 33 号样品的切片扫描图像(分辨率为 0.325μm/像素)为输入数据研究数字岩心的 3D 打印技术。

由于岩石的非均质性和相位恢复等技术的限制,PITRE 输出的切片扫描图像仍有些模糊,尤其在图像边缘,因此还需要先对切片图像进行预处理。预处理包括形态学处理:去除虚边、三值化、裁剪。这里主要采用了腐蚀和膨胀形态学操作方法。首先采用高斯滤波对多幅切片图像进行滤波,再主观(参考孔隙度)确定二值化阈值。设阈值为 X,对切片图像中像素值为 $X \sim 255$ 范围内的像素进行形态学操作,得到边缘较清晰的灰度图。然后将图像进行三值化,使背景、孔隙和骨架的灰度值分别为 128、0、255。由于图像大小为 2048×2048,背景色占比较大,因此预处理的最后一步是对图像进行统一裁剪,去除部分背景,缩减图像尺寸。

基于预处理后的 SR-CT 图像构建 3D 打印机支持的模型文件。3D 打印机一般支持 ∗.STL 和 ∗.OBJ 两种文件,STL 文件是最常用的文件格式。STL 表示光固化(Stereo Lithography),有时表示曲面细分语言(Surface Tesselation Language)。3D 打印机支持的 STL 文件只能用来表示封闭的面或体。对于岩心,可以把它看作是骨架闭合的物体,因此可以把岩心骨架表示为一个 STL 文件[105]。采用 MC(Marching Cubes)[106,107]算法生成岩心的 STL 文件。基本思想是将岩心的一个个 2D 切片图像数据看成一个 3D 的数据场,逐个处理数据场中的体素,将体素各个顶点的值与给定的等值阈值比较来决定体素内部等值面的构造形式,把各个体素的等值面连接形成整个等值面,来表示岩心骨架的表面,进而生成 STL 文件。

2.1.2.1　同步辐射光源切片相位恢复

同步辐射光源切片(SR-CT)无法直接使用,需通过相位恢复技术,先对切片进行同步相位恢复。使用的同步恢复软件为 PITRE,通过重命名图像名称、设置相应参数生成正弦图,再调节图像对称轴、选择能量范围后进行相位恢复,最后将图像转换为 8 位灰度图像以供使用。原始 SR-CT 图像与相位恢复后的图像对比如图 2.7 所示;图 2.8 展示了 6 块致密砂岩样品相位恢复后的 SR-CT 图像。

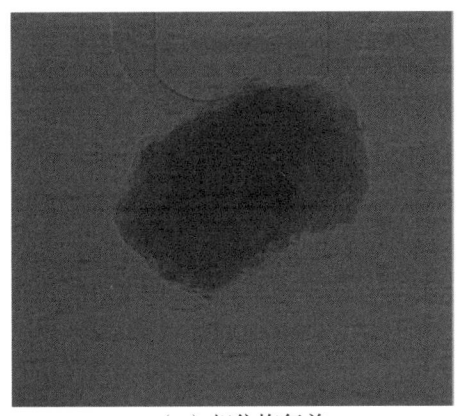

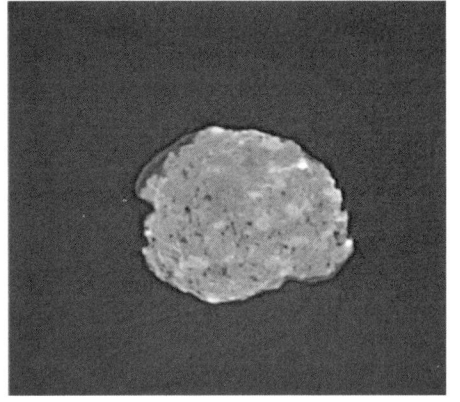

(a)相位恢复前　　　　　　　　(b)相位恢复后

图 2.7　SR-CT 原始图像与相位恢复后图像对比

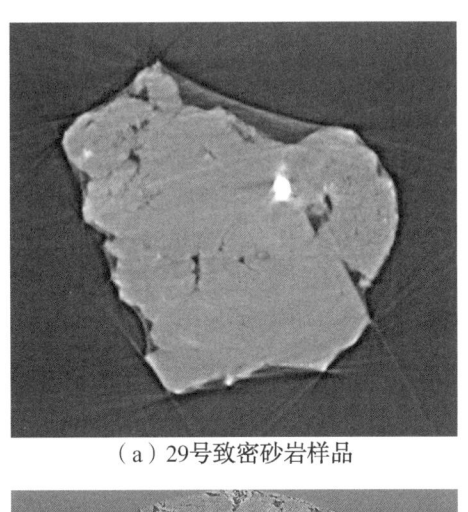

(a)29号致密砂岩样品　　　　　(b)33号致密砂岩样品

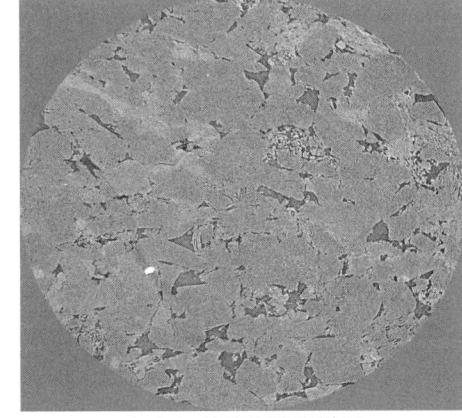

(c)91号致密砂岩样品　　　　　(d)92号致密砂岩样品

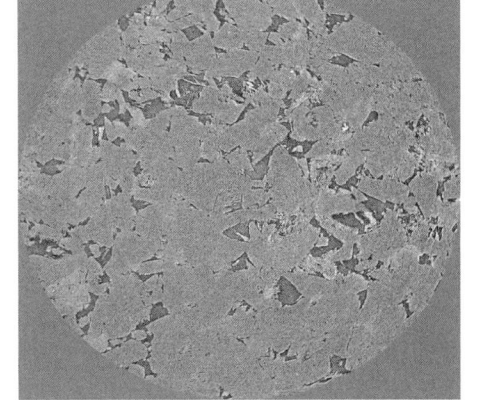

图 2.8　SR-CT 相位恢复后的示例图像

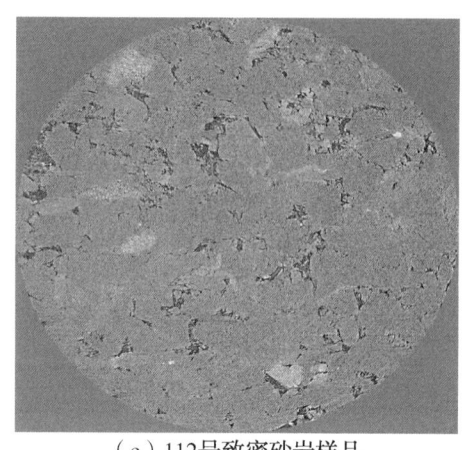

（e）112号致密砂岩样品 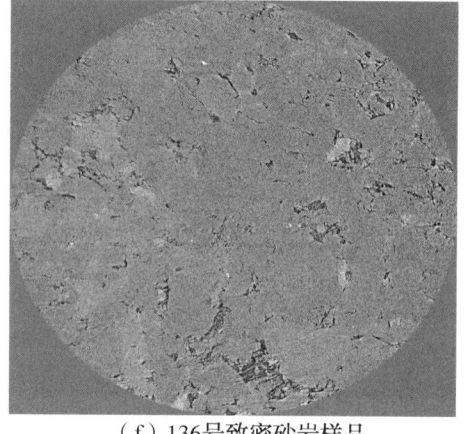　　　　　　（f）136号致密砂岩样品

图2.8　SR-CT相位恢复后的示例图像(续)

2.1.2.2　去除背景像素

由于SR-CT切片背景像素所占比例较大,与岩心部分像素值十分接近,导致针对岩心的操作会受到背景像素的影响,所以在对岩心切片进行处理前需去除背景像素的干扰。

人们把相邻的拥有相似颜色、纹理和亮度等特征,而且有一定视觉意义的不规则像素块定义为超像素。这一图像分割技术是Ren等[108](2003)提出和发展起来的。超像素一般被用在图像分割的预处理步骤,当前在图像分割、姿势估计、目标跟踪和识别等计算机视觉领域已得到广泛应用。

岩心切片图像去除背景像素结果如图2.9所示。经去背景处理后,图像中只剩下岩心区域,背景区域全部变为白色,处理岩心时不会受到背景像素的影响。

2.1.2.3　去噪声

由于岩石的非均质性和仪器扫描时受到光线强弱等方面的影响,得到的岩石扫描图像往往存在亮度较亮或较暗、对比度不明显、图片画面模糊等缺陷以及误差,会严重影响图像分割的准确性。因此,在不损坏图像有用信息的前提下需要对其进行适当的增强处理。

（1）滤波。

均值滤波(Mean Filter),是一种简单的滑动窗口空间滤波,它用窗口中所有像素值的平均值(均值)代替窗口中心像素值。窗口通常是正方形,但也可以是任何形状。

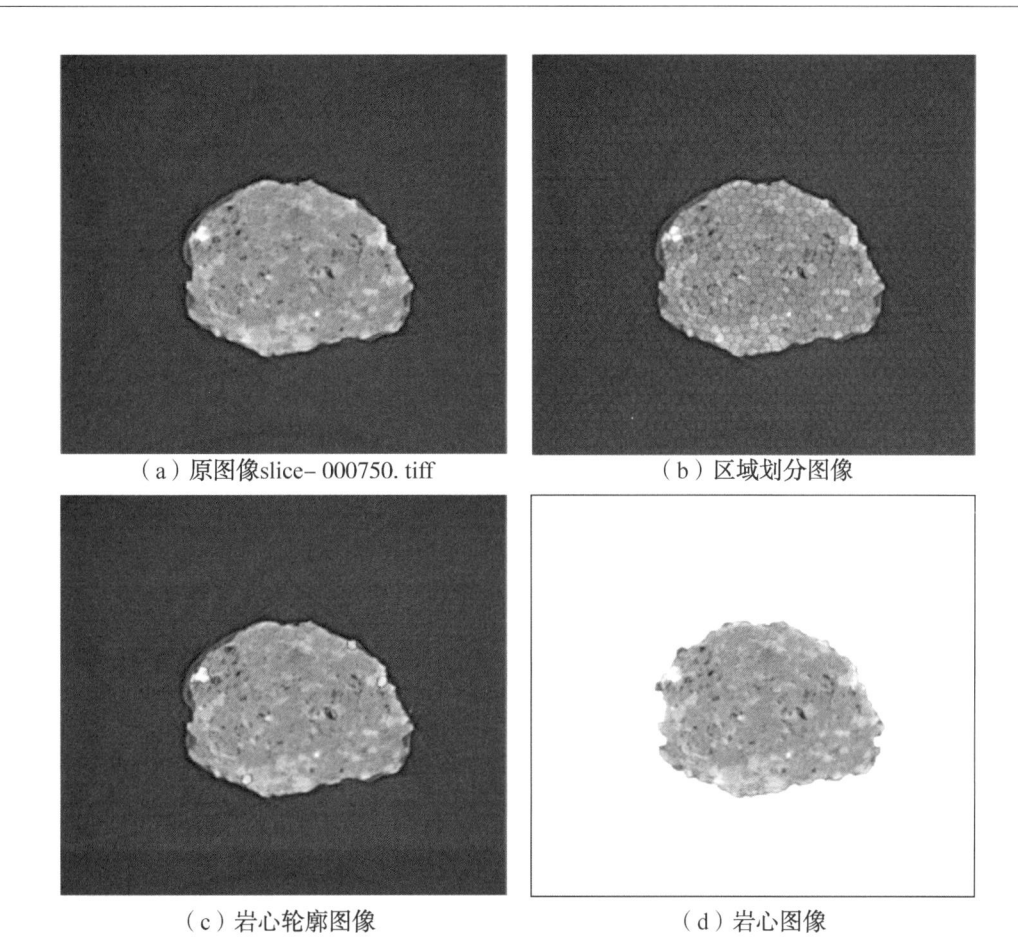

（a）原图像slice-000750.tiff　　　　　（b）区域划分图像

（c）岩心轮廓图像　　　　　　　　　（d）岩心图像

图2.9　SR-CT图像去除背景

中值滤波(Median Filter)是一种非线性数字滤波技术，常用于去除图像或信号中的噪声。这种降噪是一个典型的预处理步骤，以改善后期处理的结果（例如，图像边缘检测）。中值滤波的主要思想是逐项遍历信号条目，将每个条目替换为相邻条目的中值。邻居的模式称为"窗口"，它在整个信号上逐项滑动。对于一维信号，最明显的窗口只是前后的几个条目，而对于二维(或更高维)数据，该窗口必须包括给定半径或椭球形区域内的所有条目(即，中值滤波器不是可分离滤波器)。低分辨率的CT图像不适合中值滤波。

岩心切片图像去噪结果如图2.10所示。经去噪处理后漏掉一些孤立噪声颗粒，孔隙区域特征更明显。

（2）对比度增强。

由于光照原因，CT图像整体偏暗。处理此类问题一般采用直方图均衡化来调节图像的对比度。直方图代表数字图像中每个灰度级与其出现频数的统计关系，灰度级用横坐标表示，频数用纵坐标表示。计算每一灰度级出现的概率为

（a）原图像　　　　　　　　　　　　（b）直方图均衡化

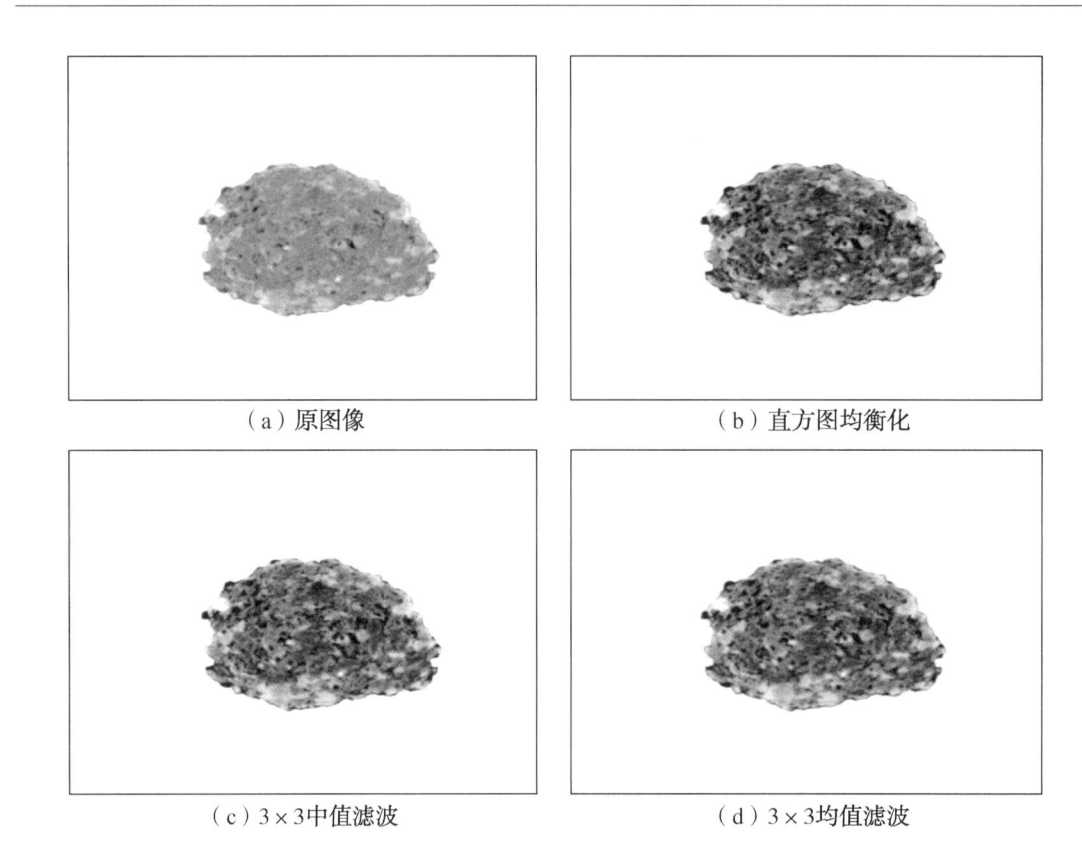

（c）3×3中值滤波　　　　　　　　　（d）3×3均值滤波

图 2.10　SR-CT 图像去噪处理

$$P_r(r_k) = N_k/N, \quad k=0, 1, 2, \cdots, L-1 \tag{2.1}$$

式中：$P_r(r_k)$ 为第 k 个灰度级出现的概率；N_k 为第 k 个灰度级出现的频数；N 为图像像素总数；L 为图像中可能的灰度级总数。

图像的灰度累计分布函数为：

$$s_k = T(r_k) = \sum_{j=0}^{k} P_r(r_j) = \sum_{j=0}^{k} \frac{N_j}{N}, \quad k=0, 1, 2, \cdots, L-1 \tag{2.2}$$

式中：s_k 为归一化灰度级。

直方图均衡化处理后的 SR-CT 图像结果如图 2.11 所示。图像的骨架和孔隙间对比度得到显著增强。

2.1.3　同步辐射光源数据建模

2.1.3.1　数据分割

对预处理后的同步辐射图像数据进行骨架和孔隙分割，建立骨架和孔隙的几何模型，生成模型节点树，分别以外壳、骨架及孔隙等多种模式绘制。

(a) 原图像

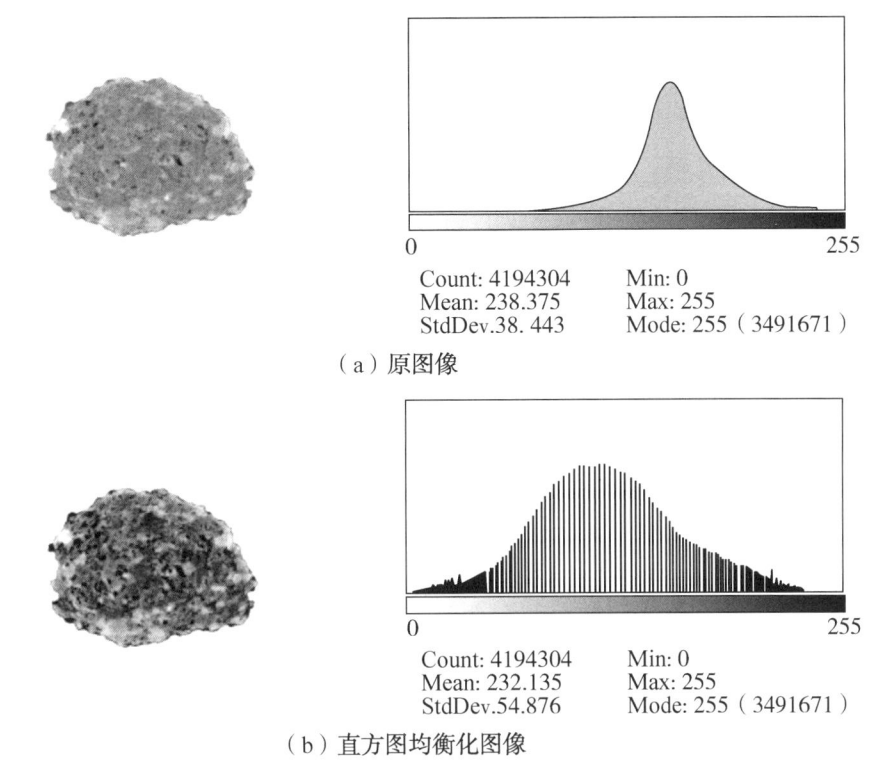

Count: 4194304 Min: 0
Mean: 238.375 Max: 255
StdDev:38.443 Mode: 255（3491671）

(b) 直方图均衡化图像

Count: 4194304 Min: 0
Mean: 232.135 Max: 255
StdDev:54.876 Mode: 255（3491671）

图 2.11　SR-CT 图像直方图均衡化增强

（1）三维分割。

灰度阈值分割法是一种最常用的并行区域技术，阈值分割方法实际上通过对比阈值将阈值两边的像素点灰度值二值化。所以，阈值分割算法最重要的是阈值的确定，一个合适的阈值会决定图像分割效果的好坏。

运算效率较高、速度快、计算简单以及在算法上容易实现，这些都是阈值分割的优点，所以它被广泛地应用在重视运算效率的应用场合，比如用于硬件的实现。对目标和背景对比度反差较大的图像，阈值分割法很有效，切片中骨架和孔隙像素灰度值具有明显差别，所以适用此法。

采用最大类间方差法进行计算阈值，并根据该阈值对切片进行初始分割，通过 2D 连通域分析再结合孔隙度，进行 3D 分割阈值修正。最后根据阈值区分骨架和孔隙像素数据。

（2）最大类间方差。

最大类间方差法是 1979 年由日本学者大津（Nobuyuki Otsu）提出的，是一种自适合于双峰情况的自动求取阈值的方法，又叫大津法，简称 OTSU[109]。它根据图像的灰度特性，将图像分为目标和背景两个部分。背景和目标之间的类间方差越大，说明构成图像的两部分的差别越大，当部分目标被错分为背景或部分背景被错分为目标时都会导致两部分差别变小。因此，使类间方差最大的分割意味着错分概率最小。

目标与背景的分割阈值记为 T，w_0 为目标像素点数占图像总像素点数比例，u_0 为像素平均灰度；w_1 为背景像素点数占图像总像素点数比例，u_1 为像素平均灰度，u 为图像总像素的平均灰度，目标和背景图像的方差 g 的计算见下式：

$$\begin{cases} u = w_0 \times u_0 + w_1 \times u_1 \\ g = w_0 \times (u_0 - u)^2 + w_1 \times (u_1 - u)^2 \end{cases} \quad (2.3)$$

当方差 g 最大时，可以认为此时目标和背景差异最大，此时的灰度 T 是最佳阈值。

（3）三维分割。

采用最大类间方差法计算得到的阈值，只是从概率角度计算得到的，用这个阈值进行分割像素，导致孔隙像素个数较多，得到的孔隙度过大，也没有去除孤立的孔隙点，为此需要进行修正。

3D 分割的实质是利用 2D 连通域分析原理，将 2D 连通域分析转移到 3D 空间中，通过寻找 3D 空间中切片之间的联系，剔除孔隙体中的孤立孔隙体，并根据孔隙度进行阈值调节，最终得到分割的最终阈值。

3D 分割的判断原理见下式：

$$\begin{aligned} & label_1, label_2, \cdots, label_n \in Top, \ n \geqslant 1 \\ & label \in Bottom \\ & Minlabel = \{label_1, label_2, \cdots, label_n | n \geqslant 1\} \\ & label \leftrightarrow label_1, label \leftrightarrow label_2, \cdots, label \leftrightarrow label_n, \ n \geqslant 1 \\ & \rightarrow \{label, label_1, label_2, \cdots, label_n\} \rightarrow Minlabel \end{aligned} \quad (2.4)$$

阈值调整方法见下式：

$$\begin{cases} f(x) - porosity > diff \ \& \ f(x) > porosity; \ threshold++ \\ f(x) - porosity > diff \ \& \ f(x) < porosity; \ threshold-- \end{cases} \quad (2.5)$$

孔隙度计算公式见下式：

$$f(x) = \frac{AllHolePixel}{AllPixel} \quad (2.6)$$

（4）二值化。

在设置阈值之后，将孔隙和骨架进行分割，以分别获得骨架和孔隙数据。

设分割阈值为 T，对图像像素点进行遍历，设像素点 (i, j) 的灰度值为

$f(i,j)$,若$f(i,j)>T$,则令其灰度值为255,否则为0,计算公式见下式:

$$g(i,j)=\begin{cases}255 & f(i,j)\geq T \\ 0 & f(i,j)<T\end{cases} \quad (2.7)$$

(5) 并行加速。

由于不同的切片在处理过程中有着重复的工作,因此可以采用多线程加速技术,将重复计算的部分分离出来,作为单独的计算模块,并采用多线程技术,对算法进行加速,如图 2.12 所示。

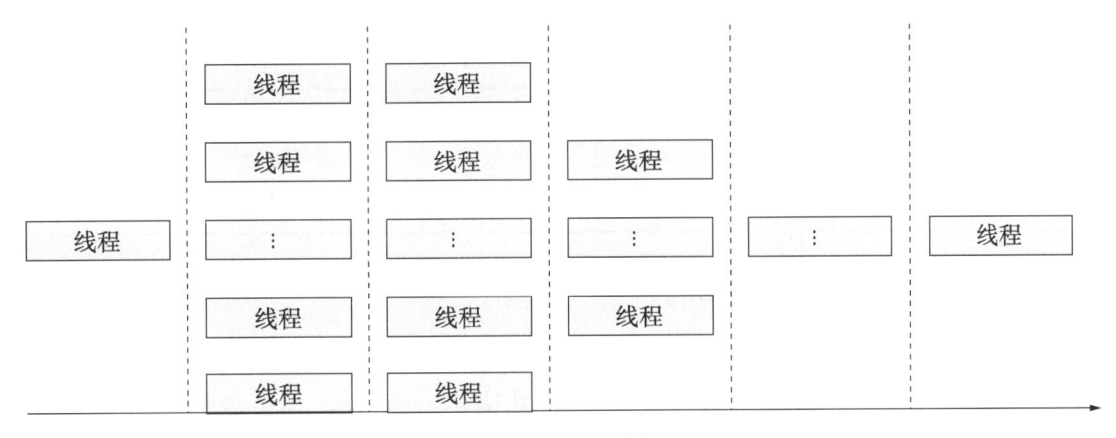

图 2.12 多线程加速

(6) 实例。

对 33 号样品切片"slice_000260.tif"分别运用最大类间方差法和修正得到的阈值进行分割骨架和孔隙的结果如图 2.13 所示,其中最大类间方差法计算最佳阈值为 88,修改阈值为 86。

(a) 原图像　　　　(b) 最大类间方差法　　　　(c) 修正结果

图 2.13 SR-CT 图像二值化实例

采用 2D 连通域标记的方法,扩展到 3D 分割中,对切片孔隙骨架分离,剔除孤立孔隙,效果如图 2.14 所示,图 2.14(a)为原图,图 2.14(b)为没有剔除孤立孔隙的 3D 图形,图 2.14(c)为剔除了孤立孔隙后的 3D 图形。

表 2.2 展示了采用 3D 分割方法,有效去除了孤立孔隙,在相同的阈值下,孤立孔隙所占比例较大。

(a)　　　　　　　(b)　　　　　　　(c)

图 2.14　SR-CT 图像三维分割效果实例

表 2.2　不同分割方法孔隙度对比

分割方法	孔隙度(%)
普通分割	18.42
三维分割	16.39

2.1.3.2　岩心 3D 建模与显示

岩心切片截面可为规则图形或不规则图形，但对于规则的岩心截面可以通过寻找公共边界点，确定所有的切片的公共边界。对于岩心边界为不规则的曲线时，需要通过判断像素点是否在岩心范围内。通过设定岩心选取要显示的岩心几何区域，与岩心边界进行对比，从而修正岩心范围。

(1) 几何区域。

在优选的切片组内，指定一定范围的切片，同时在切片内指定纵向和横向的像素区域。在指定切片内纵向和横向的像素范围时，分四种不同的情况：①当指定的纵向和横向像素范围都在切片的纵向和横向范围内时，长方体完全在岩心内部或者为岩心体的内接长方体[图 2.15(a)]；②当指定的纵向和横向像素范围不小于切片纵向和横向的最大值时，这时岩心模型完全被包围在长方体内部，所以切割出来的几何区域仍然为原来的岩心[图 2.15(b)]；③当指定的纵向或横向像素范围中纵向或者横向像素范围两边都超出了切片的纵向或者横向像素的最大值，切割出的几何图形的截面为一个不规则图形[图 2.15(c)]；④当指定的纵向或者横向像素范围中纵向或者横向的像素范围有一边超出了切片的像素范围时，几何图形的截面为带直角不规则图像[图 2.15(d)]。四种不同几何区域截图如图 2.15 所示。

(2) 几何建模。

根据分割的结果和指定的区域，分别建立外壳、孔隙、骨架和球棒几何模型。

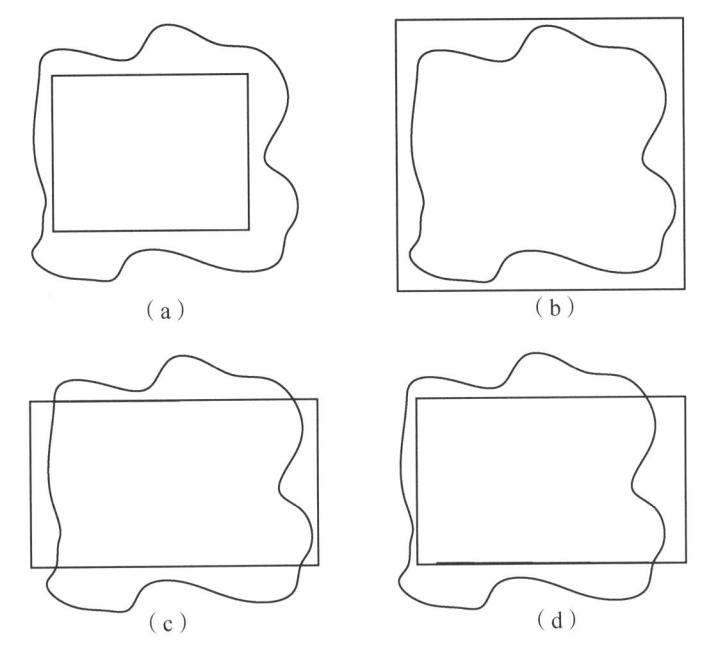

图 2.15　四种不同的几何区域截面

外壳的建立采用扫描线法。首先要找到每张切片的边界点，利用超像素分割原理，将岩心边界像素点标记出来，由于每张切片的边界并不相同，即没有公共的边界，所以在生成外壳模型时要对每一张切片的每一个边界点进行比较。

对于边界点的处理为寻找边界点前方、前方的下方、下方的点进行判断。共分为两类，每类分为四种情况：第一类为边界点，像素值为 255。(1)四个点像素值全为 255，则以这四个点为矩形的顶点作为几何图元生成四边形；(2)下方点的像素值为 0，其余三个点的像素值为 255，则以边界点、边界点前方和边界点前方的下方这三个点作为几何图元生成三角形；(3)如果边界点前方的下方的点的像素值为 0，其余的三个点的像素值为 255，则以边界点、边界点前方和边界点下方三个点作为几何图元生成三角形；(4)若边界点前方的像素值为 0，其余点像素值为 255，则以边界点、边界点前方的下方和边界点下方三个点作为几何图元生成三角形，其余情况则跳过该像素点，判断下一个。第二类为边界点像素值为 0，分为四种情况，判断方法与第一类相同，只是点的像素值刚好相反，即原来判断为 255 的，现在应判断为 0；原来判断为 0 的，现在应判断为 255。

四种情况如图 2.16 所示（只列出第一类，第二类情况相同）。上面和底面的内部点的处理以像素点、像素点右面、像素点下面和像素点右面的下面四个点为几何图元生成四边形如图 2.16(a)所示。侧面的生成以相邻两层切片的边界点的相邻两个边界点为几何图元生成四边形。侧面的生成如图2.17所示。

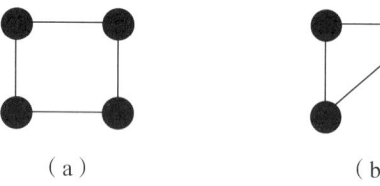

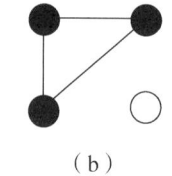

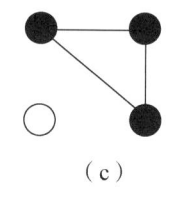

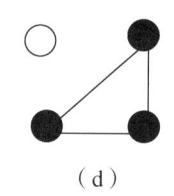

（a）　　　　　　　（b）　　　　　　　（c）　　　　　　　（d）

图2.16　四种不同的几何体元

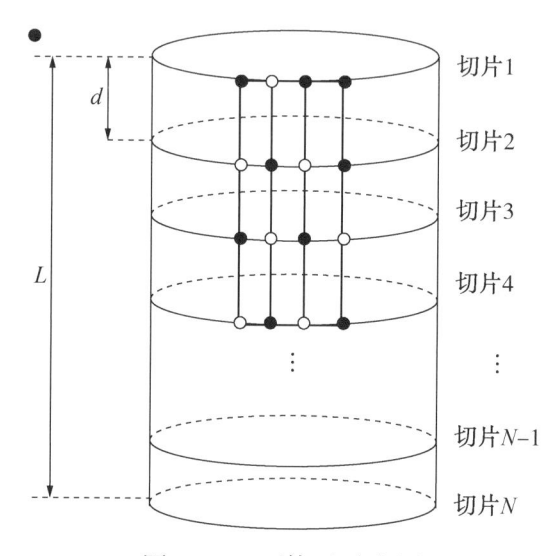

图2.17　面体元示意图

孔隙与骨架的建立采用体素法生成。对于每一张切片的孔隙点，以该体素点为中心点生成小立方体元，每个立方体元包含六个面，每个面有四个顶点作为几何体元生成。首先根据给定增量分别求出上层和下层的四个顶点，其中上层顶点的 z 减去增量，下层顶点 z 加上增量，相对应的 x、y 分别加上和减去增量。现设定增量为 Increment，具体数值在实现时根据情况设定。生成的立方体元如图2.18所示。

最大球是该算法中用来定义孔隙空间，检测其几何变化和连通性的基本单元。每个最大球必须与颗粒表面接触，且不能是其余最大球的子集。所有最大球的集合定义了岩石图像的孔隙空间，且不重复。在连续介质的描述中，球心和半径定义一个球；但在离散图像中，

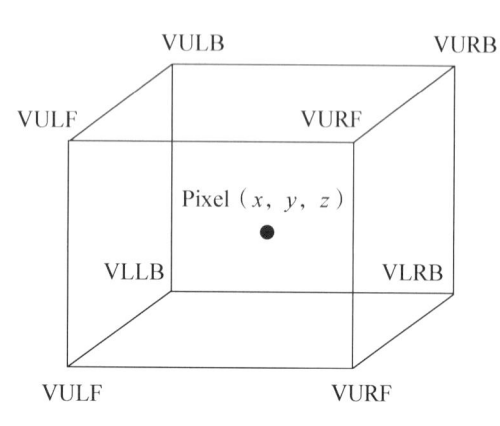

图2.18　体素法生成立方体元

由于图像被划分为一个一个的体素，而体素具有不连续性，因此，很难定义一个精确的半径。因此，引入半径的上、下限定义一个范围替代一个单一的半径。为了计算的简便，在最大球算法中，用半径的平方值表示，即 R_{RIGHT}^2 和 R_{LEFT}^2 分别表示半径平方值的上、下限，其定义为

$$R_{\text{RIGHT}}^2 = dist^2(C, V_g) = (x_g-x_c)^2 + (y_g-y_c)^2 + (z_g-z_c)^2, C \in S, V_g \in S_g \quad (2.8)$$

$$R_{\text{LEFT}}^2 = \max\{dist^2(V, C) | dist^2(V, C) < R_{\text{RIGHT}}^2, V \in S, C \in S\} \quad (2.9)$$

式中：S 和 S_g 分别为孔隙和颗粒（骨架）；$C(x_c, y_c, z_c)$ 为球心；$V_g^o(x_g, y_g, z_g)$ 为离中心最近的一个颗粒体素；$V(x, y, z)$ 为在 R_{RIGHT}^2 半径范围内离球心最远的一个孔隙体素；R_{RIGHT}^2 为从球心 C 到最近的一个颗粒体素 V_g 的距离；R_{LEFT}^2 为在 R_{RIGHT}^2 半径范围内，距离球心 C 最远的一个孔隙体素 V 到球心 C 的距离。一般情况下，R_{LEFT}^2 和 R_{RIGHT}^2 的差值不大于 2。

(3) 3D 显示。

采用 OpenGL 图像库和 shader 渲染管线，为每一个模型设置一个 vao 和多个 vbo，把每个顶点坐标存入数组中并与 vbo 进行绑定，同一个模型中多个 vbo 数组绑定在同一个 vao。

为每个顶点设置法线，并设法线的绑定方式为逐点绑定，以便在切换视角时都能观察到图形的光照效果，使在不同的视角下观察时，都能看到图形的细节特性。

设置世界坐标与屏幕坐标的转换，以更符合人眼观察的效果。设置相机，使场景图能够进行旋转，更好地观察图形的形态和特性。

(4) 实例。

根据以上论述的方法，重建了吉林致密砂岩 33 号样品的 1~300 切片，结果如图 2.19 所示，图 2.19(a) 切片平面全图，图 2.19(b) 为切块图；图 2.20 为孔隙模型，图 2.21 为孔隙网络球棒模型。

(a) 整体模型　　　　　　(b) 切块

图 2.19　骨架和孔隙模型　　　　　图 2.20　孔隙模型

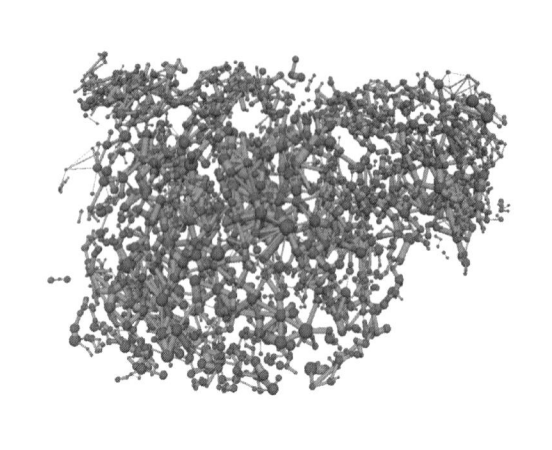

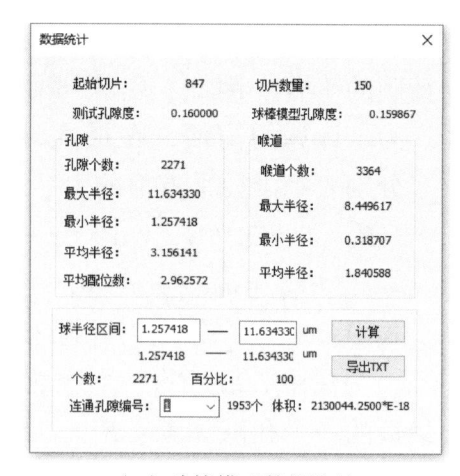

（a）球棍模型　　　　　　　　（b）球棒模型数据统计

图 2.21　孔隙网络模型

2.1.4　同步辐射光源数据生成 STL 三维模型

2.1.4.1　致密油储层岩心 SR-CT 图像预处理

（1）图像边缘处理。

致密油储层岩心经高性能的第三代光源的同步辐射扫描，得到 SR-CT 投影图。以 33 号岩心样本为例，将 SR-CT 投影图经 PITRE 进行相位恢复等处理后得到 2048 个位深度为 8 比特，大小为 2048×2048 的 TIFF 格式的切片图像。由于岩石的非均质性以及受同步辐射及相位恢复等技术的限制，PITRE 输出的切片图像的边缘有些模糊。

① 确定阈值。

利用高斯滤波器函数对切片图像进行滤波操作，将灰度图与指定的高斯内核进行卷积运算。再运用 Python-opencv 库创建滚动条（createTrackbar）函数和对图像取不同的阈值进行二值化处理（threshold）函数，通过手动控制滚动条的方式，调整二值化的阈值，直观观察出合适的阈值大小。从 33 号样本 SR-CT 高分辨率切片原图中选取编号分别为 240、282、330、474 和 568 的图像，确定的合适的阈值分别为 174~160。

② 形态学处理。

运用形态学中的膨胀和腐蚀处理。设有两张图像 A，B。如果 A 是要被处理的图像，而 B 是用来处理 A 的，那么 B 被称为结构元素，也被视为一个画笔。结构元素通常是相对较小的图像。

腐蚀：腐蚀作为求局部最小值的操作，结构 B 与图像 A 进行卷积，即算每次结构 B 覆盖范围内像素的最小值，保留 B 的中心点位置，并将最小值赋值给该点，最终所有保留的点的集合形成新图像即为腐蚀图像。

膨胀：膨胀作为求局部最大值的操作，结构 B 与图像 A 进行卷积，即算每次结构 B 覆盖范围内像素的最大值，保留 B 的中心点位置，并将最大值赋值给该点，最终所有保留的点的集合形成新图像即为膨胀图像。

形态学操作仅适用于二值图像，它的理论依据为数学中关于形态学操作内容的集合论，最先在地质勘探过程中被提出，很快，由于它出色的效果，在数学以及计算机中有了更加广泛的应用。这也反过来大大促成了数学中形态学的发展。作为图像处理以及模式识别的重要工具。形态学主体特征是一定大小的图像元素对图像中图形元素进行扫描，方便后续分析与识别。它的优点很多：图形去噪，能保留所需要的信息同时消除噪声，并且很容易通过计算机实现，形态学操作在边缘信息处理方面有很好的效果，由于处理后的图像较一般图像而言更加平滑，图像的断点更少，因此在图像降噪方面也有很多应用。

通过对图像的先膨胀后腐蚀，即可完成形态学闭操作，得到目标图像。在实现过程中，调用 Python-opencv 库内的函数来完成。简言之，膨胀就是求局部最大值的操作。核与图形卷积，即计算核覆盖的区域的像素点的最大值，并把这个最大值赋值给参考点指定的像素。这样就会使图像中的高亮区域逐渐增长。与膨胀相反，腐蚀就是求局部最小值的操作。腐蚀可以简单理解为消除物体 A 所有边界点的过程，使整体更暗。特别是在黑白交界的地方，膨胀和腐蚀的现象会非常直观明显。本书对切片图像中的虚边（白色区域）进行处理，dilate（膨胀）会使白色区域膨胀，erode（腐蚀）会减少白色区域。先腐蚀，让黑色区域中的一些白色像素点消失，同时白色区域块也会暗一些，再通过膨胀补回来是进行开运算的过程；先膨胀会将一些散落的白色小块通过扩增连接到一起，再腐蚀削减一点是进行闭运算的过程。灵活运用开运算和闭运算，膨胀和腐蚀不同的次数，会产生不同的效果。

对前面所选取的五张切片图像进行形态学操作，使用的阈值范围是之前所确定的合适阈值 X 到 255，并使用 opencv 提取轮廓和抠图，结果如图 2.22 所示。

(a) 240号切片原图

(b) 240号切片经反复实验后依次使用1次腐蚀和3次膨胀，使用的阈值范围是174~255

(c) 282号切片原图

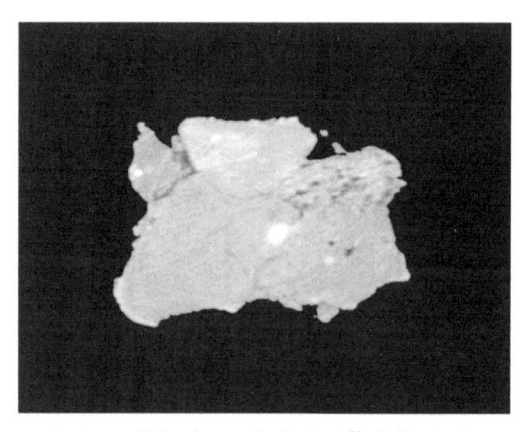

(d) 282号切片经反复实验后依次使用1次腐蚀和4次膨胀，使用的阈值范围是170~255

(e) 330号切片原图

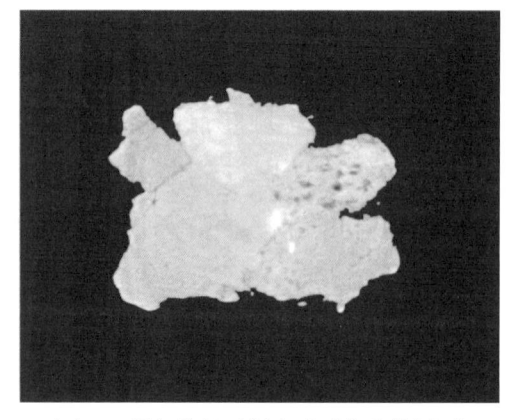

(f) 330号切片经反复实验后依次使用2次膨胀和1次腐蚀，使用的阈值范围是167~255

图 2.22 切片原图与图像边缘处理后的切片图像

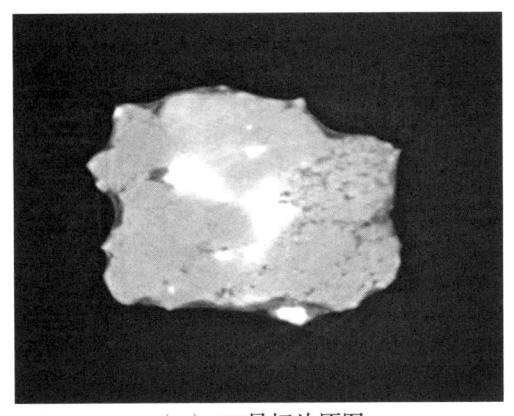

(g) 474号切片原图 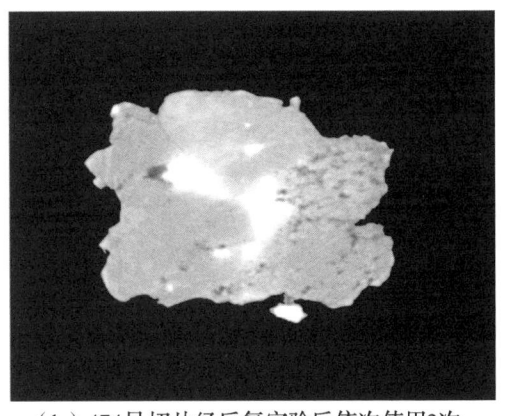　　(h) 474号切片经反复实验后依次使用2次膨胀和2次腐蚀，使用的阈值范围是163~255

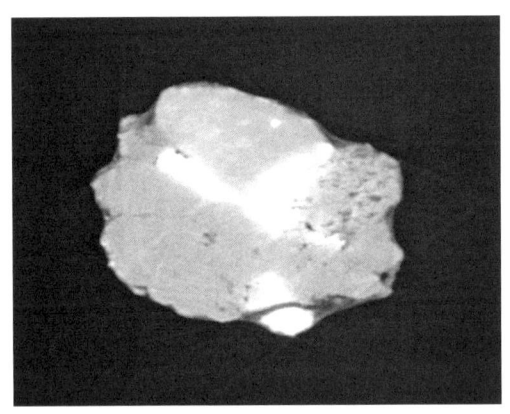

(i) 56号切片原图 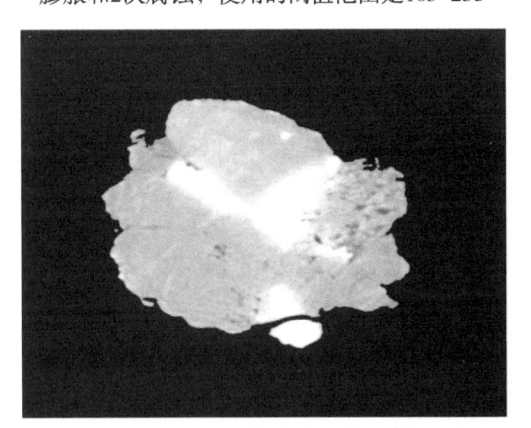　　(j) 568号切片经反复实验后依次使用2次膨胀和2次腐蚀，使用的阈值范围是160~255

图 2.22　切片原图与图像边缘处理后的切片图像(续)

(2) 三值化和裁剪。

经过边缘处理的切片图像背景色为 0(全黑)，前景一般都大于 0。三值化处理将背景的灰度值从原来的 0 变成 128，再对岩心内部进行二值化操作。例如对于 240 号切片，若像素的灰度值不大于 1，则将像素灰度值设为 128，否则若灰度值小于 174，则将灰度值设为 0，否则设为 255。效果如图 2.23 所示，可以清楚地看到黑色部分是孔隙，不规则地分布在白色的骨架中。三值化后的 2D 切片图像包含 3 种像素，灰度为 128 的背景、灰度为 255 的骨架和灰度为 0 的孔隙。

由于切片是连续的，编号相近的切片图像相似，从图 2.22 可见编号相近的切片形态学操作的阈值范围较接近，因此对于一个岩心样本，可对间隔 50 的所有切片分别设定阈值及形态学操作方案，间隔内的各切片采用相同的形态学操作方案。

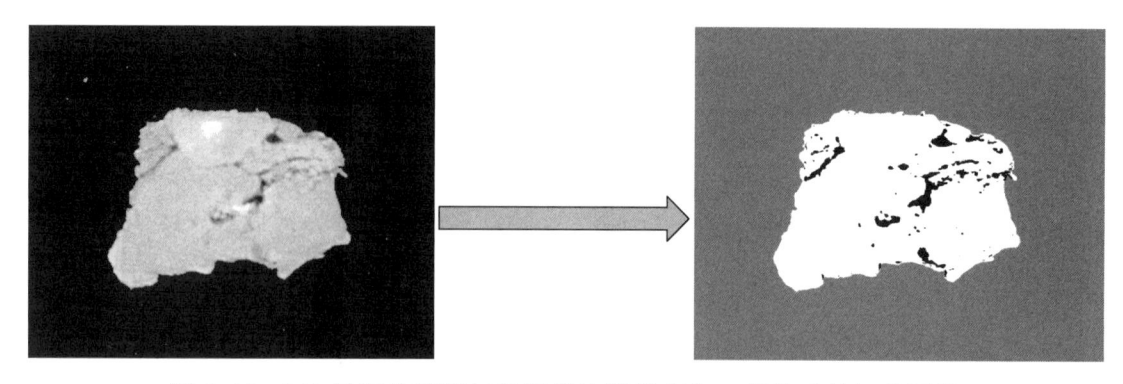

图 2.23 240 号切片原图与经图像边缘处理和三值化后的切片图像

由于一张切片图像高达 4MB 且背景占比较大，在对大量切片图像进行三维建模前先利用 Matlab 工具裁剪裁去部分背景，保留所有岩心部分。

2.1.4.2 生成 STL 三维模型

（1）3D 模型的文件格式。

STL 文件格式由 3D Systems 公司发明，是 3D 打印机支持的最常见文件格式，文件主要由一系列共同覆盖物体表面的三角形组成。STL 标准兼有 ASCII 和二进制文件两种版本，所有的成型机都可以接收该文件格式进行打印。它具有生成和处理相对简单的优点，因此成了事实上的标准。3D 打印模型需要具有水密性并且必须是流形，水密性指表面没有洞，无孔的有体积固体具有水密性，流形指三角形的每条边有且只能有两个三角形共享。STL 文件需要水密后才可以进行三维打印，STL 只能用来表示封闭的面或体。STL 文件格式简单，但只能描述三维物体的几何信息，不支持颜色材质等信息。为了满足特定行业的特殊建模要求，各种各样的其他类型的 3D 建模格式也发展起来，比如 OBJ 格式可以保存颜色及其他信息，可以打印多种颜色和材质的多喷嘴 3D 打印机则使用 AMF（Additive Manufacturing File）文件。

采用移动立方体算法基于 SR-CT 切片图像仅生成了 STL 格式的 3D 模型，并用树脂打印出了岩心的 3D 模型，也即实现了致密油储层岩心几何形状的放大克隆。未来可以考虑不把切片进行二值化，而是对不同像素值的骨架采用不同密度的材质进行打印，更好地原质原样地（放大）克隆出致密油储层岩心。

STL 文件存在一些几何约束条件：

① 取向规则，通过三角面片定义 3D 实体表面，这些三角面片的法向量均要求指向实体外部的方向，顶点排列的顺序必须符合右手螺旋法则

(图 2.24);

② 共顶点规则,每个三角面片必须与其所有相邻三角面片共用两个顶点;

③ 合法实体规则,在模型表面必须布满三角面片,不允许有遗漏(裂缝或空洞)。

(2) 基于 MarchingCubes 生成 STL 三维模型。

① MC 算法基本原理。

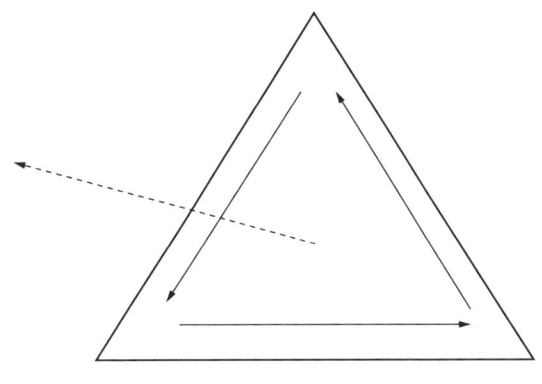

图 2.24 三角面片法向量

MarchingCubes(MC)算法是 Lorensen 等[107]在 20 世纪 80 年代提出来的一种经典的面绘制算法。因为其原理简单且容易实现,得到了广泛的应用。MC 算法从每个体素中抽取等值面,并用三角面片来逼近体素内部的等值面,采用的是一种分而治之的思想。每个体素都是一个小立方体(cube),在构造三角面片的处理过程中对每个体素都"扫描"一遍,就好像是一个处理器在这些体素上移动一样,也因此而得名[110,111]。

体素是在 3D 图像中由相邻的八个体素点(3D 数据场中相邻两层中相邻的八个顶点)组成的立方体,八个体素点构成一个体素,对一个体素的体素点(角点)和边进行编号,如图 2.25 所示[112]。

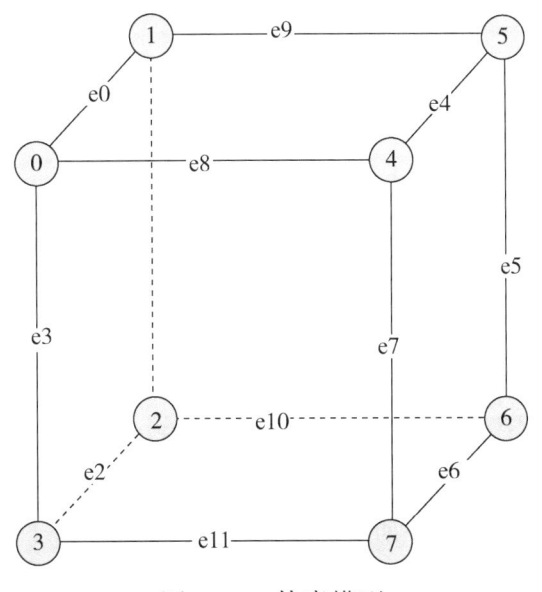

图 2.25 体素模型

对体素中的每一个体素点(角点)进行编号,见表2.3。

表2.3 体素模型

角点位置	索引编号	体素偏移	位标记
上层,左侧,靠前	0	(0, 1, 1)	1<<0 = 1
上层,左侧,靠后	1	(0, 1, 0)	1<<1 = 2
下层,左侧,靠后	2	(0, 0, 0)	1<<2 = 4
下层,左侧,靠前	3	(0, 0, 1)	1<<3 = 8
上层,右侧,靠前	4	(1, 1, 1)	1<<4 = 16
上层,右侧,靠后	5	(1, 1, 0)	1<<5 = 32
下层,右侧,靠后	6	(1, 0, 0)	1<<6 = 64
下层,右侧,靠前	7	(1, 0, 1)	1<<7 = 128

等值面定义为3D空间中具有相同属性的点的集合,数学描述为

$$\{(x, y, z) | f(x, y, z) = c\} \quad (2.10)$$

式中:(x, y, z)为空间点的坐标;$f(x, y, z)$为点(x, y, z)的数据的值;c为3D重构过程中给定的阈值。

② MC算法实现步骤。

a. 根据阈值找出边界体素,确定边界体素中等值面的剖分模式。

将体素的顶点分为两类,假如顶点的值大于等值面的标量值c(设为250),顶点状态标记为"1",反之则该点的状态就标记为"0"。等值面只与那些体素中的相邻两个取不同状态值的顶点连成的边相交,当相邻的两个顶点状态值都取"0"或者都取"1",则等值面不会和这两个点连成的边相交,当一个体素中八个顶点的状态值都相同时,则其内部就不存在等值面。体素内的等值面片是指等值面在一个边界体素内的部分[113]。

MC算法通过搜索每个立方体生成三角面片再用于表示等值面。因为每个顶点各有"0"或"1"两种情况,所以总共有2的8次方即256种情形,但根据角点的对称关系(反转和旋转对称性),可以简化为15种情形,如图2.26所示,其中黑色标记的顶点定义为位于等值面内部的点。

MC算法实现需要先建立一个包含256个索引项的三角剖分构型查找表,表中对每种情形列出该情形下所有的三角剖分结果。为了获悉每个体素是属于哪种构型,程序中设置字节变量构型索引 index,用于存储一个立方体的八个顶点的状态值,见表2.4。

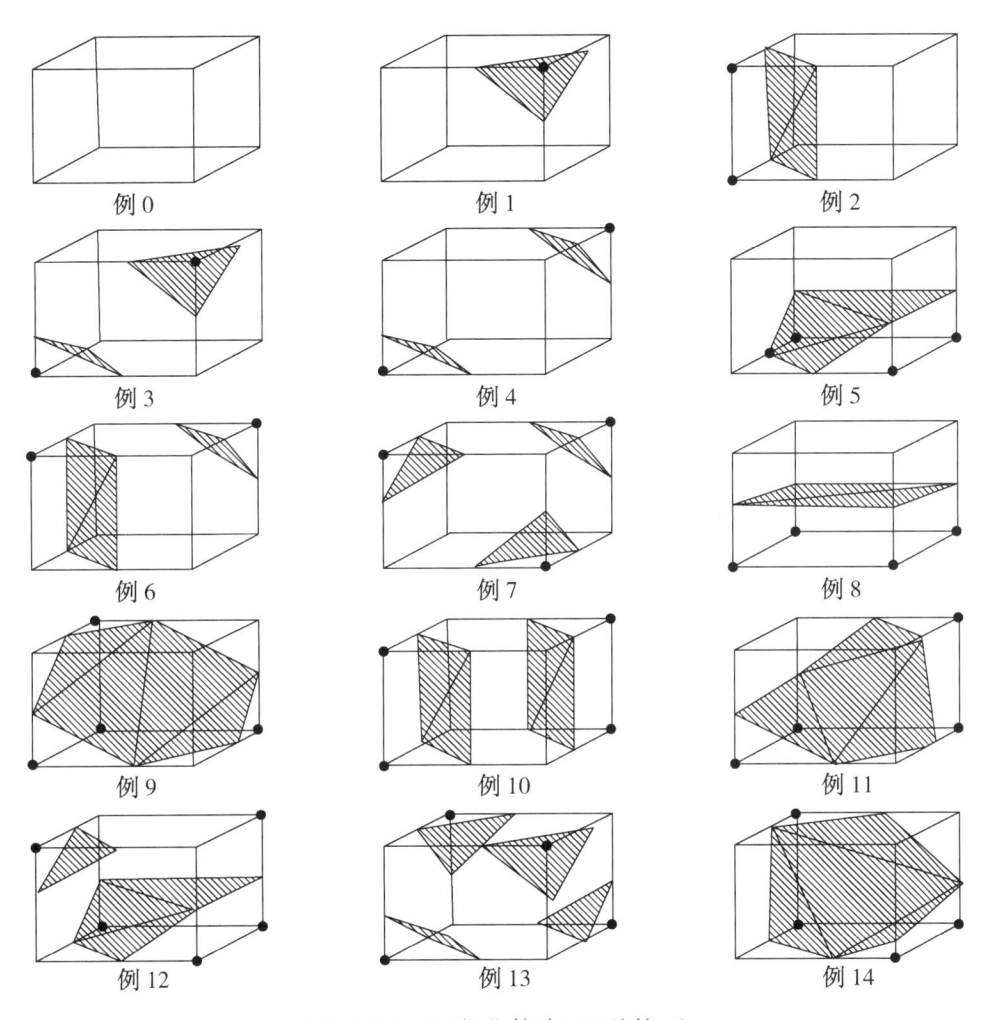

2 同步辐射光源成像技术与混合建模新方法

图 2.26 三角化体素 15 种构型

表 2.4 索引 index 字节

索引 index 字节	V_7	V_6	V_5	V_4	V_3	V_2	V_1	V_0

例如,对于图 2.27 中的构型,其中角点 3 状态为 1,其余的角点状态为 0,所以 index 为 0000 1000,序列表示这种构型的三角剖分结果,只有一个三角面片,其顶点在体素的边 3,11 和 2 上。

b. 确定边界体素与等值面的交点。

求交点一般采用两种方法:线性插值和中点插值。设等值面标量(阈值)为 c,设体素一条边的两个顶点的状态不同,设这两个顶点(角点)的坐标分别为 (x_i, y_i, z_i)、(x_j, y_j, z_j),两个顶点的灰度值为 q_i 和 q_j,则等值点(三角面片)与该边的交点 (x_0, y_0, z_0) 的坐标可以根据下式计算:

index: 8	index为8的三角剖分:{3, 11, 2, -1, -1, -1, -1, -1, -1, -1, -1, -1, -1, -1, -1, -1}

图 2.27　三角面片剖分示例

$$\frac{x_0-x_i}{x_j-x_i}=\frac{c-q_i}{q_j-q_i},\ \frac{y_0-y_i}{y_j-y_i}=\frac{c-q_i}{q_j-q_i},\ \frac{z_0-z_i}{z_j-z_i}=\frac{c-q_i}{q_j-q_i} \tag{2.11}$$

若采用中点插值则

$$x_0=(x_i+x_j)/2,\ y_0=(y_i+y_j)/2,\ z_0=(z_i+z_j)/2 \tag{2.12}$$

本书采用中点插值法计算交点坐标。

c. 确定边界体素角点的法向量。

体素角点$(x_i,\ y_j,\ z_k)$的法向量为$(g_x,\ g_y,\ g_z)$[113]：

$$\begin{cases} g_x=\dfrac{f(x_{i+1},\ y_j,\ z_k)-f(x_{i-1},\ y_j,\ z_k)}{z\Delta x} \\ g_y=\dfrac{f(x_i,\ y_{j+1},\ z_k)-f(x_i,\ y_{j-1},\ z_k)}{z\Delta y} \\ g_z=\dfrac{f(x_i,\ y_j,\ z_{k+1})-f(x_i,\ y_j,\ z_{k-1})}{z\Delta z} \end{cases} \tag{2.13}$$

式中：$f(\ )$为像素灰度值；Δx，Δy，Δz为立方体的边长；g_x，g_y，g_z为体素角点在三个方向上的梯度。

若三角面片顶点$(x_0,\ y_0,\ z_0)$在体素角点$(x_i,\ y_i,\ z_i)$、$(x_j,\ y_j,\ z_j)$所连的边上，设角点$(x_i,\ y_i,\ z_i)$的法向量为$(g_{x_i},\ g_{y_i},\ g_{z_i})$，角点$(x_j,\ y_j,\ z_j)$的法向量为$(g_{x_j},\ g_{y_j},\ g_{z_j})$，则三角面片顶点的法向量$(g_{x_0},\ g_{y_0},\ g_{z_0})$可以根据下式计算：

$$\frac{g_{x_0}-g_{x_i}}{g_{x_j}-g_{x_i}}=\frac{c-q_i}{q_j-q_i},\ \frac{g_{y_0}-g_{y_i}}{g_{y_j}-g_{y_i}}=\frac{c-q_i}{q_j-q_i},\ \frac{g_{z_0}-g_{z_i}}{g_{z_j}-g_{z_i}}=\frac{c-q_i}{q_j-q_i} \tag{2.14}$$

本书采用中点插值法计算三角面片顶点的法向量。接着可以调用 VTK 函数计算三角面片的法向量。

(3) MC 算法的改进。

MC 标准算法是遍历所有的体素，在实际的建模中，有一部分体素并不需要去遍历，比如前文提到的 15 种基本构型中的第 0 号构型，这是非边界体素，应尽可能直接略过。本书采用的算法把标准 MC 算法遍历所有体素改为一种邻面延伸的方法,并不需要遍历所有体素,使建模效率得到提高。

一个体素内的三角面片确定后,由面片的法向量可以确定它的延伸方向。总共的延伸方向分别是前、后、右、左、上、下,可能延伸其中某一个方向或者某几个方向。构建出一个邻接表来确定此立方体内的三角面片要延伸的方向,从而生成这些方向上新的立方体,继续进行三角面片构造。在邻接表内,"1"表示此处方向是能延伸的,"0"则表示没有,比如邻接序列{0, 1, 0, 1, 0, 1}表示分别向后、向左和向下邻接延伸。每种剖分情况对应一种邻接序列,所以 256 种邻接序列构成邻接表,与三角剖分查找表一一关联。可以用一个标记 Flag 来表示立方体是否被处理过(1 代表处理过,0 代表未处理过),并在程序初始化的时候,让立方体的标记 Flag 置零[114-116]。

(4) STL 文件生成。

① 开发环境。

华硕 N56 笔记本,64 位 Windows7 操作系统,8Gram,软件是 Cmake,Visual Studio 嵌入 VTK 编辑器、Pycharm 2018 编辑器。VC++高级语言,Python 语言,Matlab 语言和 Python-opencv 图像处理函数库。VS2013 MFC 生成 64 位可执行程序。

② 软件运行界面。

采用形态学对图像进行预处理的界面如图 2.28 所示。

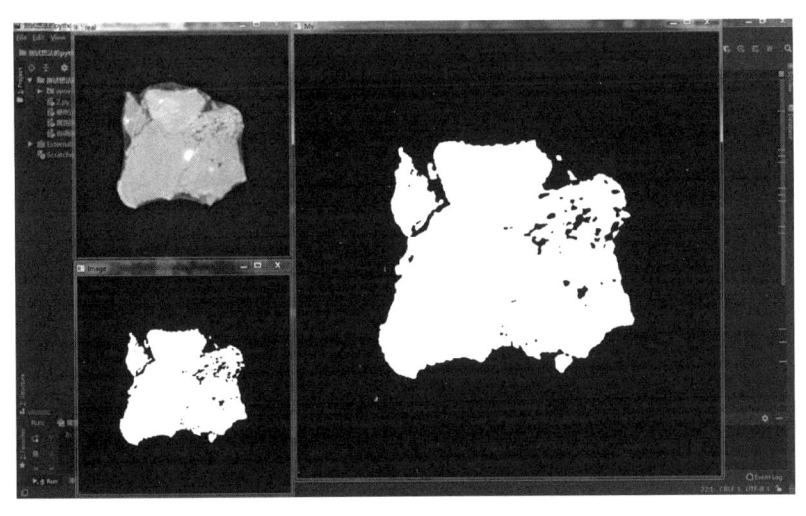

图 2.28　形态学处理 SR-CT 切片图像界面

采用 MC 算法对岩心切片二维图像进行三维重建,生成 STL 文件的系统界面如图 2.29 所示。

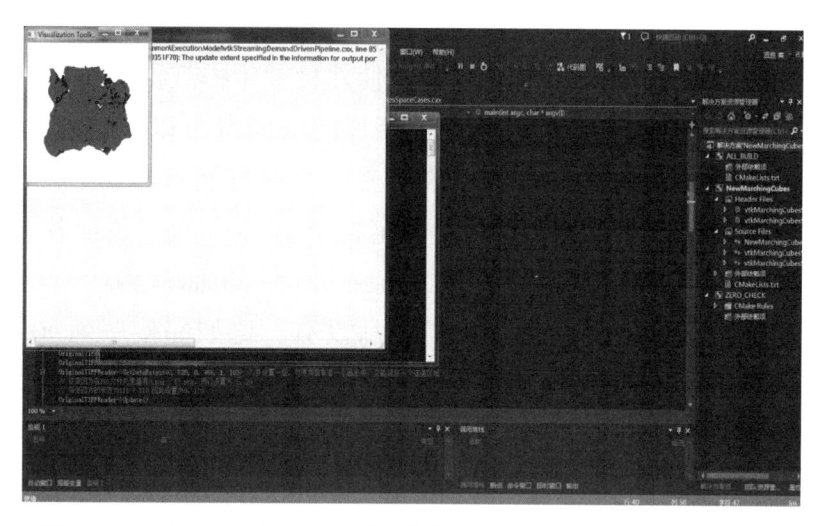

图 2.29　基于 MC 算法的三维重建及 STL 文件生成系统的界面

③ 实例测试。

应用专门为生成可打印 3D 模型而实现的图像预处理与 STL 文件生成系统，对 SR-CT 切片图像进行 3D 重建，结果如下。

a. 预处理功能。

选择切片，在 Python 编辑器上运行自调阈值.py 程序，选取合适的阈值；界面如图 2.30 所示。

图 2.30　自调阈值.py 运行界面

在 Python 编辑器上运行腐蚀膨胀.py 程序，自定义腐蚀和膨胀次数和顺序，达到最理想的效果为止，示例如图 2.22 所示。

在 Python 编辑器上运行最终过程.py 程序,加入之前选好的阈值和腐蚀膨胀次数顺序作为参数,会生成相应的图像。

在 Matlab 上运行图片批量裁剪 matlab 程序,把多余的背景去除,示例如图 2.23 所示。

在 Matlab 上运行替换图片名称 matlab 程序,修改图片名称,方便 3D 建模。

b. 基于 MC 算法的三维建模功能。

需要安装 VTK 编程工具和 CMake 工具,打开 3D 建模程序。在 Visual Studio 运行 build/NewMarchingCubes.sln,自行修改需要建模的图像(已预处理过)文件夹。

使用 33 号岩心样本的第 240~339 切片图像,先进行预处理,再分别使用改进的 MC 算法和原始的 MC 算法进行 3D 建模并生成 STL 文件,使用改进 MC 算法的 3D 重建模型如图 2.31 所示。另外使用原始 MC 算法与使用改进 MC 算法重建的 3D 模型相差很小,使用改进的 MC 算法和原始的 MC 算法在时间复杂度和生成 STL 文件大小方面的对比见表 2.5。

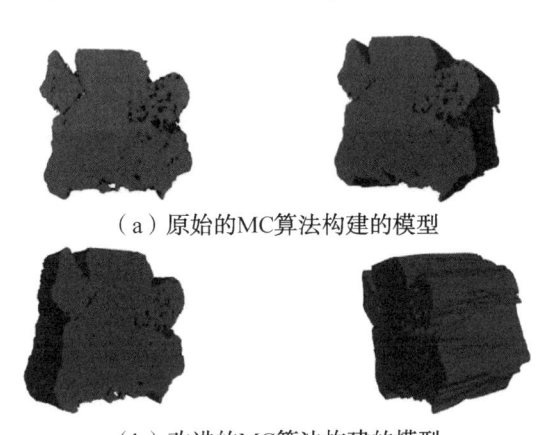

(a)原始的MC算法构建的模型

(b)改进的MC算法构建的模型

图 2.31 基于改进 MC 算法的三维重建结果

表 2.5 改进的 MC 算法和原始的 MC 算法的对比

图像数量	算法	建模生成时间(s)	生成 STL 文件大小(kB)
50 张	改进的 MC 算法	103.98	166392
	原始的 MC 算法	108.94	169114
100 张	改进的 MC 算法	170.23	290458
	原始的 MC 算法	174.40	296554
150 张	改进的 MC 算法	243.83	419034
	原始的 MC 算法	249.64	430256

c. 3D 放大打印。

在 3D 打印机上读取生成的 STL 文件，采用 9400 树脂材料进行打印，精确的尺寸为 89.253mm×81.139mm×49.750mm。以毫米为单位放大打印出来的致密油储层岩心实物如图 2.32 所示。

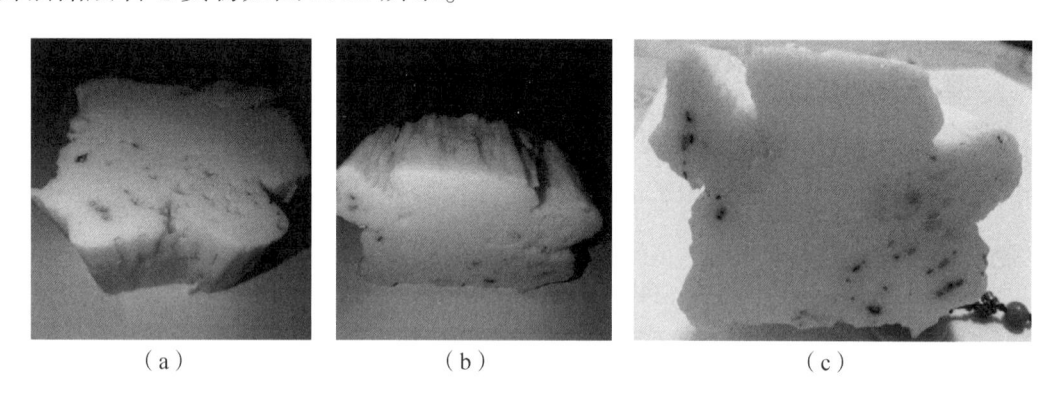

(a)　　　　　　　(b)　　　　　　　(c)

图 2.32　33 号致密砂岩 3D 放大打印实物

2.1.5　小结

本书阐述了同步辐射光源成像技术(SR-CT)在数字岩心领域的应用，同步辐射光源相比于其他的岩石物理表征技术，展现了优异的效果。由于国内未见有关于致密岩石同步辐射成像的文献报道，所以本书介绍的致密砂岩同步辐射 CT 成像试验是具有开创性的。通过对上海光源岩石成像的探索，研究形成了致密砂岩同步辐射 CT 成像技术和同步辐射实验数据后处理技术，得到的经验和成果将有益于研究人员利用光源开展相关实验。此外，将同步辐射数据建模与 3D 打印结合起来，形成了数字岩心和 3D 打印一体化技术，这一储备技术将有望随着 3D 打印技术进步逐渐得到应用。

本书研究成果在技术上实现的创新和提高包括：采用超像素分割技术，将 SR-CT 图像中岩心目标与背景目标分离开来，去除了背景像素对岩心目标像素的影响。引进多线程技术，在图像 3D 分割过程中解决了图像尺寸较大、分辨率较高，计算速度慢的问题。采用形态学等方法对 SR-CT 切片图像边缘进行预处理，使图像边缘清晰、孔隙和骨架可区分，并去除背景提取出岩心；采用移动立方体算法，借助可视化工具包 VTK，基于预处理后的 SR-CT 切片图像对致密油储层岩心骨架进行 3D 建模，生成 3D 打印机支持的 STL 文件，并用树脂打印出了放大版本的致密油储层岩心实物模型，实现了致密油储层岩心的放大克隆。由于 3D 打印技术所限，未能实现岩心原尺寸的复制。

值得注意的是，同步辐射光源成像技术在美国等发达国家已经成为一项常规技术，在地球科学和能源科学领域应用也十分广泛。通过对比劳伦斯伯克利国家实验室的先进光源和上海光源成像经验，笔者发现前者实验更便捷，成像效果更佳，实验人员具有丰富的岩石成像经验；这可能是由于国内光源主要应用于生物、化学和材料科学等领域，岩石物理领域对光源使用较少，缺乏相关实验经验。

2.2 岩心样品图像筛选和预处理

2.2.1 代表性样品图像选取

数字岩心技术作为开展岩石数值模拟的关键手段，在油田开发过程中有着广泛的应用前景，例如用于微观渗流机理研究及宏观传导性预测、驱替机理研究及驱油剂应用效果评价、油藏生产动态的模拟和预测等。

在众多的数字岩心建模方法中，X射线CT法构建的数字岩心最能反映真实岩心的微观孔隙结构，是目前构建数字岩心最准确的方法，所以得到广泛应用。使用X-CT构建3D数字岩心包含以下六个步骤：首先是样品的选取与制备，包括选定和钻取建模目标区域，并将岩石加工成具有一定形状和尺寸的样品；其次是样品的X-CT，具体是选择合理的CT分辨率扫描，并重建岩样的3D灰度图像；然后是灰度图像滤波，可以使用中值（或均值）滤波等方法消除岩样3D灰度图像的噪点；再就是岩心CT灰度图像二值化，对于两相系统（岩石骨架和孔隙空间）而言，可以采用图像阈值分割算法将CT灰度图像转换为黑白（二值化）图像；接下来是黑白（二值化）图像平滑处理，需要剔除岩石中孤立的骨架；最后做代表体积元（REV）分析，选定3D数字岩心的最佳尺寸[118]。

目前，对上述X射线CT构建数字岩心各步骤（除步骤1）的研究已经相当成熟，但国内外几乎没有对步骤1中如何选择岩心CT目标区域的相关报道，而当前的通行做法是通过肉眼观察岩石或岩心柱，选择认为具有代表性或感兴趣的区域，钻取并制作CT样品，该方法的优点是简单便捷，缺点是样品选择具有随意性，选取的样品不一定能代表整块岩石或岩心。对于试图通过数字岩心技术解决油田生产实际问题的研究，建立真实反映储层或岩石整体特征的数字岩心至关重要。而CT分辨率与样品尺寸呈反比例关系，扫描岩石样品直径一般在几毫米到几厘米，要想通过如此小的样品尽可能真实地反映岩石的整体结构和储层性质，就必须要选择最具代表性的岩石样品来构建数字岩心，因此开展数字岩心建模中代表性岩样的选取方法的研究具有十分重大的理论和实际意义。

针对数字岩心建模中CT样品选择不规范的问题，本书介绍了一种结合分形理论的数字岩心建模目标域选取的方法。

2.2.1.1 分形理论

分形理论（Fractal Theory）是一种探索事物复杂性的科学方法和理论，是在20世纪70年代由Mandelbrot B.B.提出和建立的[118]；它最早诞生于自然几何学中，其在经过近十几年的发展之后，在众多领域中展现了广阔的应用前景。分形是指各个组成部分的形态以某种方式与整体相似的一类形体。它具有自相似性和标度不变性，是具有复杂高维几何性的数学集合。它是描述自然界和非线性系统中不光滑和不规则几何形体的有效工具，能够用来模拟很多自然现象[119]。

大量的研究表明储层岩石的孔隙结构具有典型的分形特征[120-130]。分形维数（Fractal Dimension，FD）可以被用来描述孔隙分布的分形特征。分形几何理论被用于分析和研究储层岩石的孔隙结构特征是一种不同于常规方法的一种新异方法，其已经并将继续在地质分析领域得到深入和广泛的应用。

（1）盒维数算法（Box-Counting Method，BCM）计算灰度图像分维值。

在CT灰度图像中，像素点灰度值取值范围为[0，255]内的整数，共256个值。如图2.33所示，在3D坐标系中，2D图像的灰度值其实是一个灰度表面$[x, y, z(x, y)]$，其中，图像(x, y)位置处的灰度值为$z(x, y)$。所以该表面的粗糙程度可以反映图像灰度的变化情况，可以使用不同尺度去度量该表面，得到的维数就是图像灰度曲面的分形维数。

其算法思想如下[119]。

假设一大小为$M×N$像素的图像，可以被$s×s$大小的网格（盒子）完全覆盖，其中，s为整数（$M/2 \geq s > 1$），$r = \dfrac{s}{M}$为划分比率。大小为$s×s×h$的方盒子把所有大小为$s×s$的网格上3D灰度空间划分，并假设在第(i, j)个网格（盒子）柱中图像灰度的最小值和最大值分别落在第k个和第f个盒子中，则完全覆盖第(i, j)网格中的灰度值所需的盒子数n_r为

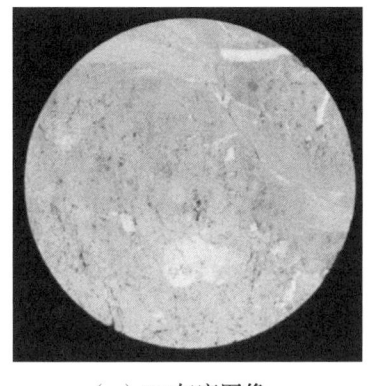

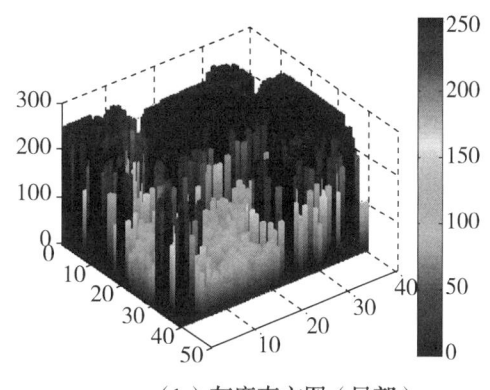

（a）CT灰度图像　　　　　　　（b）灰度直方图（局部）

图 2.33　CT 灰度图像和灰度直方图

$$n_r = f - k + 1 \tag{2.15}$$

从而可以得到覆盖整个图像所需的盒子数 N_r，为

$$N_r = \sum n_r \tag{2.16}$$

改变 s 的取值，重复上述的过程，将得到新的一组 (N_r, r)。

然后根据公式 $\lg N_r = D\lg(1/r) + \lg K$，式中：$D$ 为盒维数，K 为常数。采用最小二乘法（Least square method）对 $[\lg N_r, \lg(1/r)]$ 进行线性拟合，得到的拟合线段的斜率就是所要求的分形盒维数 D。

（2）岩石孔隙分形理论计算灰度图像面孔率。

郁伯铭等利用分形理论推导出了岩石孔隙度与孔隙尺寸分形维数以及最大、最小孔隙尺寸的关系式如下[122]：

$$\phi = \left(\frac{\lambda_{\min}}{\lambda_{\max}}\right)^{2-D_f} \tag{2.17}$$

式中：ϕ 为孔隙度，%；D_f 为孔隙分形维数，无量纲；$\lambda_{\max}$ 为孔隙最大半径，μm；$\lambda_{\min}$ 为孔隙最小半径，μm。

至此，还需要计算单张灰度图像孔隙分形维数 D_f 和无标度区间内的孔隙最大半径 $\lambda_{\max}$、最小半径 $\lambda_{\min}$，才能得到图像面孔率。在本书中，可以使用边缘检测算法对每个扫描图像进行处理，得到含有边缘信息的二值图像。所述边缘检测算法例如可以包括索贝尔（Sobel）边缘检测算法、Robert 边缘检测算法、Prewitt 边缘检测算法等。在二值图像中，鉴于孔隙的形态复杂多样，可以将每个孔隙视为与其等面积的圆形区域，可以使用该圆形区域来表征该孔隙，可以将该圆形区域的半径作为该孔隙的等效半径。如此，可以基于二值图像获取等效半径集合以及所述等效半径集合中每个等效半径的累计孔隙数量；基于所述等效半径集合以及所述等效半径集合中每个等效半径的累计孔隙数量,进行直线拟合,得到该扫描图像的 D_f、λ_{max} 和 λ_{min}。

具体地,可以获取二值图像中各个孔隙的等效半径,作为等效半径集合中的等效半径。针对所述等效半径集合中的每个等效半径,可以统计二值图像中等效半径不大于该等效半径的孔隙数量,作为该等效半径的累计孔隙数量。例如,所述等效半径集合中的等效半径可以包括 1、2、3、4、5、6。等效半径 1 对应的孔隙数量为 1;等效半径 2 对应的孔隙数量为 2;等效半径 3 对应的孔隙数量为 3;等效半径 4 对应的孔隙数量为 2;等效半径 5 对应的孔隙数量为 2;等效半径 6 对应的孔隙数量为 3。那么,等效半径 1 的累计孔隙数量可以为 1;等效半径 2 的累计孔隙数量可以为 3;等效半径 3 的累计孔隙数量可以为 6;等效半径 4 的累计孔隙数量可以为 7;等效半径 5 的累计孔隙数量可以为 9;等效半径 6 的累计孔隙数量可以为 12。

在无标度区间内,等效半径 λ 与该等效半径 λ 的累计孔隙数量 N_c 遵循公式 $\ln N_c = -D_f \ln\lambda + D_f \ln\lambda_{max}$。可见,等效半径 λ 与该等效半径 λ 的累计孔隙数量 N_c 呈线性关系,直线的斜率即为孔隙分形维数 D_f。如此,可以采用最小二乘法对等效半径集合中的等效半径以及等效半径的累计孔隙数量进行线性拟合,拟合直线的斜率即为孔隙分形维数 D_f;拟合直线的两个端点分别为 λ_{max} 和 λ_{min}。

① 孔隙轮廓提取。

图像局部区域灰度变化较大的部分被称为图像的边缘,边缘检测主要是图像的灰度变化的度量、检测和定位,自从 1959 年边缘检测被提出以来,经过五十多年的发展,已有许多种不同的边缘检测方法。

a. 边缘检测。

分为基于区域的方法和基于边缘的方法两大类。在数字岩心图像中,骨架和岩心间存在灰度变化,故一般采用基于边缘的边缘检测方法。一般的过程为图像滤波、增强和检测三大步骤。滤波的作用是消除噪声,降低噪声对导数的影响。图像增强的作用是凸显出图像灰度点邻域强度值有明显变化的点。可以采用 Canny 算子进行边缘检测,它的原理与 Marr(LoG) 边缘检测方法类似。

使用高斯滤波对图像做平滑处理。令 $f(x,y)$ 表示数据(输入源数据),$h(x,y)$ 表示 2D 高斯函数(卷积操作数),$f_s(x,y)$ 为卷积平滑后的图像,计算公式见式(2.18)和式(2.19)。

$$h(x,y) = \frac{1}{2\pi\sigma^2} e^{-\frac{x^2+y^2}{2\sigma^2}} \qquad (2.18)$$

$$f_s(x,y) = f(x,y) \times h(x,y) \quad (2.19)$$

图像增强，计算图像梯度及其方向。采用式(2.20)所示的差分算子计算梯度。图像的 x 向、y 向的一阶偏导数矩阵，梯度幅值以及梯度方向的数学表达式为式(2.21)。

$$\begin{cases} S_x = \begin{bmatrix} -1 & 1 \\ -1 & 1 \end{bmatrix} \\ S_y = \begin{bmatrix} 1 & 1 \\ -1 & -1 \end{bmatrix} \end{cases} \quad (2.20)$$

$$\begin{cases} P[i,j] = (f[i,j+1] - f[i,j] + f[i+1,j+1] - f[i+1,j])/2 \\ Q[i,j] = (f[i,j] - f[i+1,j] + f[i,j+1] - f[i+1,j+1])/2 \\ M[i,j] = \sqrt{P[i,j]^2 + Q[i,j]^2} \\ \theta[i,j] = \arctan(Q[i,j]/p[i,j]) \end{cases} \quad (2.21)$$

非极大值抑制。依据上述原理，此部分首先需要求解每个像素点在其邻域内的梯度方向的两个灰度值，然后判断是否为潜在的边缘，如果不是则将该点灰度值设置为 0。

b. 轮廓提取。

用双阈值算法检测和连接边缘。Canny 算子采用双阈值法来减少假边缘数量。具体地，选择高低两个阈值，利用高阈值得到一个边缘图像，这样一个图像含有很少的假边缘，但是由于阈值较高，产生的图像边缘可能不闭合，为解决这个问题采用了另外一个低阈值。

在高阈值图像中把边缘连接成轮廓，当到达轮廓的端点时，该算法会在断点的 8 邻域点中寻找满足低阈值的点，再根据此点收集新的边缘，直到整个图像边缘闭合。

c. 实例结果。

对 33 号样品的切片"slice_000750.tif"进行均衡化增强后的轮廓提取效果如图 2.34 所示，较大的孔隙特征基本提取得到。

2.2.1.2 优选方法

基于图像面孔率和盒维数的分形计算方法，考虑岩石分形特征的数字岩心建模中代表性岩样的选取方法步骤如下。

步骤一：岩石 CT。将岩心或岩心柱进行 X 射线 CT，得到系列岩石 CT 灰度图像，根据扫描顺序对图像从小到大编号，并有序存放，如图 2.35 所示。

(a)   (b)   (c)

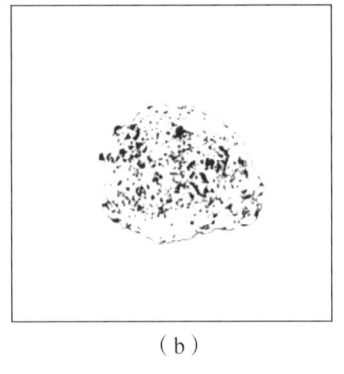

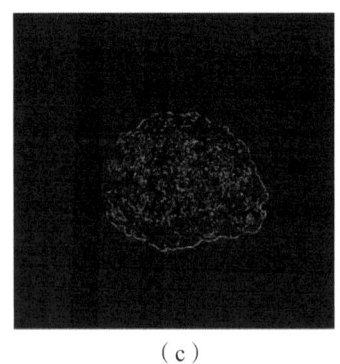

图 2.34　轮廓提取实例

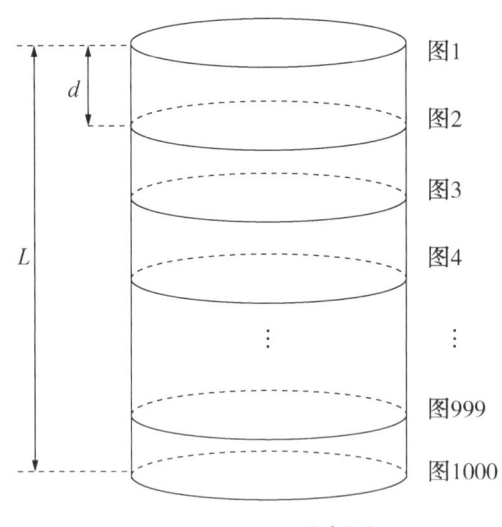

图 2.35　CT 示意图

步骤二：图像分组。根据建立的数字岩心尺寸 $l×l×l$，确定图像张数 n，其中 N 为 CT 图像总张数，d 为扫描间距，L 为扫描岩样高度，各参数满足 $n≤N$，$n×d≥l$，$L≥l$。得到 $N-n+1$ 种图像组合方式 I_j 如下：

$$I_1 = [pic1, pic2, \cdots, picn], I_2 = [pic2, pic3, \cdots, pic(n+1)], \cdots$$
$$\cdots, I_{(N-n+1)} = [pic(N-n+1), pic(N-n+2), \cdots, picN]$$

(2.22)

式中：$pic1$，$pic2$，$\cdots$，$picN$ 为步骤一中 CT 图像的顺序编号。

步骤三：图像组合优选。首先，计算每个组合 I_j 的平均分形盒维数 $\overline{D_{1_j}}$ 和平均面孔率 $\overline{\phi_{1_j}}$ 如下：

$$\overline{D_{1_j}} = \frac{\sum_{i=j}^{n+j-1} D_i}{n}, \quad \overline{\phi_{1_j}} = \frac{\sum_{i=j}^{n+j-1} \phi_i}{n}$$

(2.23)

式中：D_i、ϕ_i 分别为每张图像分形盒维数和面孔率，$i \in (1, N)$，$j \in (1, N-n+1)$。

然后，将各组合计算得到的平均分形盒维数 $\overline{D_{I_j}}$ 和平均面孔率 $\overline{\phi_{I_j}}$ 代入下式：

$$\Omega(I^*) = \min\{\Omega(I_j)\} = \min\left\{\sqrt{\frac{\sum_{i=1}^{N}(D_i - \overline{D_{I_j}})^2}{N}} + \sqrt{\frac{\sum_{i=1}^{N}(\phi_i - \overline{\phi_{I_j}})^2}{N}}\right\}$$

$$= \min\left\{\begin{array}{c} \sqrt{\dfrac{\sum_{i=1}^{N}(D_i - \overline{D_{I_1}})^2}{N}} + \sqrt{\dfrac{\sum_{i=1}^{N}(\phi_i - \overline{\phi_{I_1}})^2}{N}} \\ \sqrt{\dfrac{\sum_{i=1}^{N}(D_i - \overline{D_{I_2}})^2}{N}} + \sqrt{\dfrac{\sum_{i=1}^{N}(\phi_i - \overline{\phi_{I_2}})^2}{N}} \\ \vdots \\ \sqrt{\dfrac{\sum_{i=1}^{N}(D_i - \overline{D_{I_{N-n+1}}})^2}{N}} + \sqrt{\dfrac{\sum_{i=1}^{N}(\phi_i - \overline{\phi_{I_{N-n+1}}})^2}{N}} \end{array}\right\} \quad (2.24)$$

式中：I^* 为最佳组合；$\min(\ )$ 为取最小非负数函数。

步骤四：获取代表性岩样。根据步骤三计算得到的最佳图像组合 I^*，选取与其位置对应的岩样部分。例如，如图 2.35 所示，一次 CT 的图像总张数 $N = 1000$，扫描间距 $d = 0.1 \text{mm}$，扫描样品总长度 $L = N \times d = 10.0 \text{cm}$，数字岩心建模尺寸为 15.0mm×15.0mm×15.0mm，所需图像张数 $n = 150$，优选图像组合为 $I_{201} = [pic201, pic202, \cdots, pic350]$；则选取岩样方法是分别截去岩心上端 20.0mm 和下端 65.0mm，留下部分即为优选的岩样部分。

2.2.2 扫描图像二值化分割

由于成像噪声的存在和仪器精度的制约，通常无法准确分辨 X-CT 灰度图像中岩石骨架和孔隙空间，所以通过对灰度图像阈值分割来确定岩石骨架和孔隙。目前灰度图像的二值分割算法较多，如迭代法[131]、简单统计法[132]、Otsu 方法[109]等；然而这些方法，无论是全局阈值分割方法[133,134]，还是局部阈值分割方法[135]，都完全是基于图像的灰度特征来分割，而未考虑灰度图像背后反映的岩石物理信息，从而导致分割效果在理论上最优时，与实际情况仍有很大差异。

2.2.2.1 考虑孔隙度的阈值分割法

岩心孔隙度是重要的岩石物理参数,它表示岩心孔隙空间在岩心体积中的占比。在岩心图像分割过程中,有学者将岩心孔隙度这一参数结合进来,提出了一种以岩心实测孔隙度为约束的灰度图像分割方法。该方法能够对由图像所有像素点的灰度值组成的集合进行合理分割,所得黑白图像的面孔率与试验孔隙度相吻合。

对于干岩心,通常由两部分组成:岩石骨架和孔隙空间。理论上,CT灰度图像中岩石骨架和孔隙空间应当具有完全不同的灰度值。实际情况是,受到成像设备精度等多因素影响,尽管肉眼可以大致判断CT灰度图像中岩石骨架和孔隙的边界,但这种灰度差异并不十分明显。不仅如此,由于岩石骨架和孔隙的边缘十分模糊,这给图像分割带来很大难度。鉴于此,阈值的选取对灰度图像分割的准确性尤为重要。

当前获取岩心孔隙度的主要方法包括气体膨胀法、液体饱和法等。由于孔隙空间在岩心总体积中的占比用孔隙度表示,所以分割CT灰度图像时选用岩心孔隙度作为约束条件,可以提高图像的分割质量。

孔隙度法确定分割阈值的算法如下[136-138]:

设岩心孔隙度为 ϕ,灰度阈值为 k,图像的最大和最小灰度值分别为 I_{max}、I_{min},$p(i)$ 为灰度值为 i 的像素数,灰度值低于阈值 k 的像素表征孔隙,其余代表骨架。则满足式(2.25)的灰度值 k^* 即为所求分割阈值。

$$f(k^*) = \min[f(k)] = \left| \phi - \frac{\sum_{i=I_{min}}^{k} p(i)}{\sum_{i=I_{min}}^{I_{max}} p(i)} \right| \tag{2.25}$$

2.2.2.2 岩石孔隙结构分形特征

Mandelbrot 最先提出分形理论,对于一个二维分形体,其分形维数介于1~2之间,而且分形维数越大分形体越复杂。与整数维相比,分形维数能更确切地描述分形体占有空间情况。分形理论和方法应用到分析多孔介质结构最早是由 Katz 和 Thompson 提出的,他们的尝试实现了对多孔介质固体表面复杂结构和能量不均匀性的定量描述,也推动了分形理论被广泛应用到如数字图像处理等其他众多领域。分形理论认为,分形体的分形维数越大,其结构就越复杂、表面就越粗糙。基于分形理论,郁伯铭等[122](2001)描述了数字岩心的孔隙结构,得到数字岩心的孔隙尺寸自相似区间为($\lambda_{min} \sim \lambda_{max}$),其中上下限分别为最大孔隙尺寸和最小孔隙尺寸。岩石孔隙度与孔隙尺寸分形维数以及最大、最小孔隙尺寸的关系如下：

$$\phi = \left(\frac{\lambda_{\min}}{\lambda_{\max}}\right)^{2-D_f} \tag{2.26}$$

式中：ϕ 为孔隙度，%；D_f 为孔隙分形维数；$\lambda_{\max}$ 为孔隙最大半径，μm；$\lambda_{\min}$ 为孔隙最小半径，μm。

2.2.2.3 改进算法

需要注意的是，在以岩心实测孔隙度为约束使用迭代算法方式求取灰度图像分割阈值，并对 CT 灰度图像进行分割，得到的二值化图像的面孔率与岩心实测孔隙度最吻合时，CT 灰度图像的分割未必准确，原因如下：

（1）实测孔隙度通常测量的是整块岩心的孔隙度，其直径一般是 2.5cm，而用于 CT 成像的岩心样品通常较小，其直径一般小于 5.0mm，考虑到岩心普遍存在非均质性，所以 CT 成像样品的实际孔隙度不一定和岩心实测孔隙度相同；

（2）CT 图像只对应成像样品的局部区域，而成像样品又只是整块标准尺寸岩心的一小部分，同样因为岩石具有非均质性，所以 CT 图像的面孔率和岩心实测孔隙度可能差别较大；

（3）实测孔隙度为岩心的有效孔隙度，表征的是岩心中连通的孔隙体积与岩心总体积之比，然而 CT 成像能同时表征到连通孔隙和不连通孔隙，所以 CT 图像的面孔率和实测孔隙度存在偏差。

不仅如此，与常规储层岩石的孔隙度测试不同，对非常规储层岩石，特别是致密油储层岩石的孔隙度测定，其对仪器设备要求更高，且测量周期更长。

所以，本领域亟需一种合理分割 CT 灰度图像的方法，以利岩石微观结构研究。本书介绍了一种考虑孔隙分形特征的岩石 CT 灰度图像二值化分割方法，具体是利用式（2.26）分形理论中岩石孔隙度与孔隙尺寸分形维数以及最大、最小孔隙尺寸的关系计算单张 CT 灰度图像的面孔率 ϕ_i（根据 2.2.1 节所述方法可得到单张 CT 图像 D_f、$\lambda_{\max}$、$\lambda_{\min}$），用计算得到的单张图像面孔率 ϕ_i 代替式（2.25）中试验孔隙度 ϕ，以 ϕ_i 为约束迭代求出最佳分割阈值，以此来合理分割岩石 CT 灰度图像的方法。用于克服岩石物理领域现有图像分割方法分割效果差，以实测孔隙度为约束的分割方法成本高，周期长等问题，该方法对非均质性强的储层和致密油储层具有明显优势。

2.2.2.4 实例验证

实例采用了 Xradia XRM-500 型 CT 机(Xradia 公司,美国)对岩样进行成像,该台 X-CT 机最高可实现 0.7μm/像素分辨率的成像,被广泛地用于岩石 3D 成像。图 2.36 为某砂岩岩心微米 CT 灰度图像(深色表征孔隙,浅色代表岩石骨架),CT 分辨率为 5.0μm/像素,图像像素尺寸为 550×400,该岩心实测孔隙度为 0.24,岩心的成岩颗粒分选较好,且具有较好的均质性。使用孔隙度法和新方法分别对该 CT 图像进行阈值分割,得到的二值化图像如图 2.37、图 2.38(黑色—孔隙,白色—岩石骨架)所示;两种方法确定的阈值及分割得到的图像孔隙度见表 2.6。

图 2.36 砂岩 CT 灰度图像

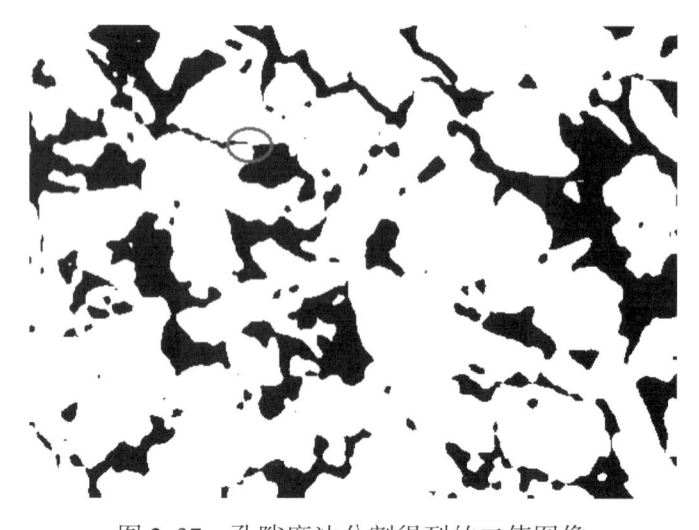

图 2.37 孔隙度法分割得到的二值图像

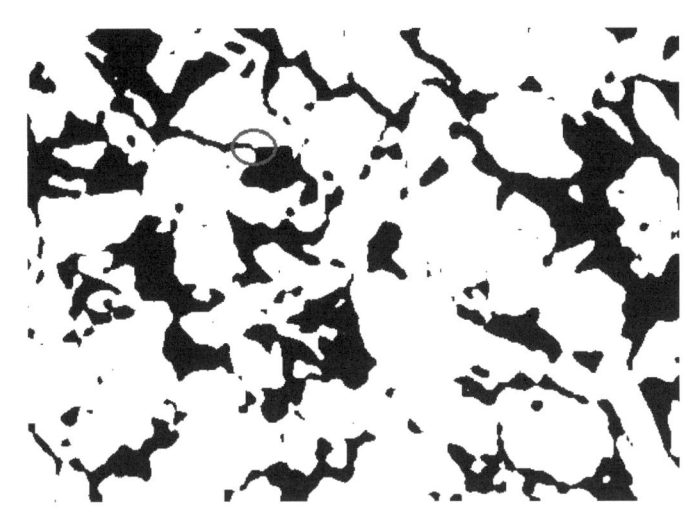

图 2.38　新方法分割得到的二值图像

分析表 2.6 可得，由孔隙度法原理可知以岩心孔隙度为约束的阈值分割必然使得 CT 图像的分割结果与岩心实测孔隙度相同。但是，如前所述，因为岩心非均质性、不连通孔隙等因素影响，导致 CT 灰度图像的实际面孔率和岩心实测孔隙度存在差别，所以完全基于岩心实测孔隙度对 CT 灰度图像进行分割往往不尽如人意。通过将图 2.36 和图 2.37 对比容易发现，孔隙度法分割的 CT 图像划分的孔隙份额较小，使得原本应该相连的孔隙被阻断（图 2.37 中圆圈标记的部分），所以，还应当对孔隙度法进行改进。对比图 2.36 和 2.38 可以看到，新方法分割的 CT 图像的分割效果得到明显提高，孔隙份额和孔隙的连通性也更符合实际（图 2.38 中圆圈标记的部分）。

表 2.6　图像分割结果对比

参数	孔隙度法	新方法
灰度阈值	59	64
图像孔隙度	0.24	0.272

2.2.2.5　小结

（1）以孔隙度为约束的阈值分割方法可以合理地分割岩石灰度图像，但受岩石非均质性和非连通孔隙的影响。基于岩心整体测试孔隙度，采用一刀切的图像分割方法，将导致分割得到的微观孔隙结构和真实岩心存在差异。

（2）改进的孔隙度法是一种符合实际且更合理的图像分割方法，充分考虑了岩石的非均质性和孤立孔隙的存在。该方法利用计算得到的每一幅 CT 图像的孔隙度，对 CT 图像进行分割，最大限度地保留岩石的微观孔隙结构。

（3）岩心对比实验表明，改进的孔隙度法克服了孔隙度法的不足，对岩心灰度图像进行了更合理的二值化分割。此外，基于计算孔隙度而不是实测孔隙度的图像分割方法也大大节省了人力和物力，特别是对致密岩石。

2.3 改进的数字岩心混合建模新方法

研究表明，天然岩石广泛发育多尺度基质孔喉系统。2005 年，Arns 等[139]使用 X-CT 对同一块碳酸盐岩岩样进行不同分辨率的扫描，发现即使在成像分辨率达到 $1.0\mu m$ 时，构建的数字岩心的孔隙度仍然明显低于岩心实测孔隙度，这一结果表明碳酸盐岩岩石中存在大量小于 $1.0\mu m$ 未被检测到的细小孔隙，单精度下 CT 构建的数字岩心无法真实反映储层微观结构和宏观性质。

X-CT 法构建数字岩心的优点是非侵入、样品无损、准确性高等，可以用来构建代表岩石真实孔隙结构特征的 3D 数字岩心；该方法的缺点是容易受到 CT 成像分辨率的影响，使得建立的数字岩心模型孔隙度往往低于岩心的真实孔隙度。根据 CT 分辨率的不同，大致可分为微米 CT 和纳米 CT。使用微米 CT 构建数字岩心具有模型尺寸较大，且可以表征到岩石大孔隙和裂隙等宏观信息的优点；其不足是不能检测到成像分辨率以下的微小孔隙，致使部分孔隙缺失。与此相反，纳米 CT 能够捕捉到更细小的岩心微孔隙信息，成像分辨率更高；但其不足是对样品的制作要求较高、扫描成本昂贵，并且只能构建较小尺寸的数字岩心，难以兼顾到岩心的非均质性和代表性。

通过微米 CT 建立大孔隙数字岩心，纳米 CT 建立微孔隙数字岩心，再利用叠加法将前两种数字岩心耦合成一个数字岩心是当前构建双孔隙 3D 数字岩心的一种可行方法。该方法的缺点主要包括前面介绍的纳米 CT 的不足，此外，在叠加耦合过程中也会导致孔隙的错误叠加。所以，这种方法目前应用很少。

致密油储层孔喉细微，普遍发育"微米—纳米"尺度基质孔喉系统，主体孔喉直径为 $300\sim 3000nm$，广泛发育微米级天然裂缝系统，主体开度为 $2\sim 7\mu m$。对于像致密油储层这类孔隙空间复杂，孔隙尺寸分布范围广，非均质性强的岩石。由于扫描精度高，实验样品尺寸小，无法反映岩石裂缝和大孔隙。因此，融合不同分辨率下获得的岩石孔隙信息，建立多尺度的 3D 数字岩心，对致密油储层岩石物理数值模拟研究至关重要。

针对现有数字岩心建模方法存在的不足,本书介绍了一种新的混合法重构高精度双孔隙3D数字岩心,并以非均质性较强的碳酸盐岩作为实施例验证模型有效性。首先,利用微米CT构建代表大孔隙的碳酸盐岩3D数字岩心。然后,利用扫描电镜(SEM)扫描岩样得到岩石2D扫描电镜图片,用模拟退火法建立微孔隙碳酸盐岩数字岩心。再通过叠加法构建出能反映不同尺度孔隙特征的数字岩心。最后,对数字岩心的孔隙结构特征进行分析评价,并用格子玻尔兹曼方法对数字岩心的渗流特征进行分析。

2.3.1 数字岩心混合模型构建

碳酸盐岩是一类孔隙空间复杂,孔隙尺寸分布范围广,非均质性强的典型储层岩石。从国内外文献报道来看,构建碳酸盐岩数字岩心的难点在于,实验样品尺寸小,无法反映裂缝和孔洞。为了降低实验成本和建模难度,选择孔隙度相对较大的碳酸盐岩岩石样品作为建模对象,验证双孔隙3D数字岩心重构方法的有效性。

2.3.1.1 X-CT法构建储层大孔隙三维数字岩心

X-CT法构建的数字岩心最能反映真实岩心的微观孔隙结构,是目前构建数字岩心最准确的方法。使用X-CT构建3D数字岩心包含以下六步:首先是样品的选取与制备,包括选定和钻取建模目标区域,并将岩石加工成具有一定形状和尺寸的样品;其次是样品的X-CT,具体是选择合理的CT分辨率,并重建岩样的3D灰度图像;然后是灰度图像滤波,可以使用中值(或均值)滤波等方法消除岩样3D灰度图像的噪点;再就是岩心CT灰度图像二值化,对于两相系统(岩石骨架和孔隙空间)而言,可以采用图像阈值分割算法将CT灰度图像转换为黑白(二值化)图像;接下来是黑白(二值化)图像平滑处理,需要剔除岩石中孤立的骨架;最后做代表体积元(REV)分析,选定3D数字岩心的最佳尺寸。

利用Xradia XRM-500型CT机(Xradia公司,美国)对岩样进行成像,该台X-CT机最高可实现0.7μm/像素分辨率的成像,被广泛地用于岩石3D成像。图2.39为某碳酸盐岩岩心微米CT处理得到的二值图像(白色表示岩石骨架,黑色表示岩石孔隙),CT分辨率为1.24μm/像素,岩样直径约为2.2mm。

图 2.39 碳酸盐岩岩心低分辨率二值图像

图 2.40 为经过 CT 图像处理后得到的三维数字岩心孔隙空间分布效果图,数字岩心物理尺寸为 0.186mm×0.186mm×0.186mm;体素尺寸为 150×150×150,实验测得该岩心孔隙度为 32.62%,其孔隙度为 22.14%,有 10.48% 的孔隙缺失,缺失的这部分孔隙是小于 1.24μm 的孔隙。

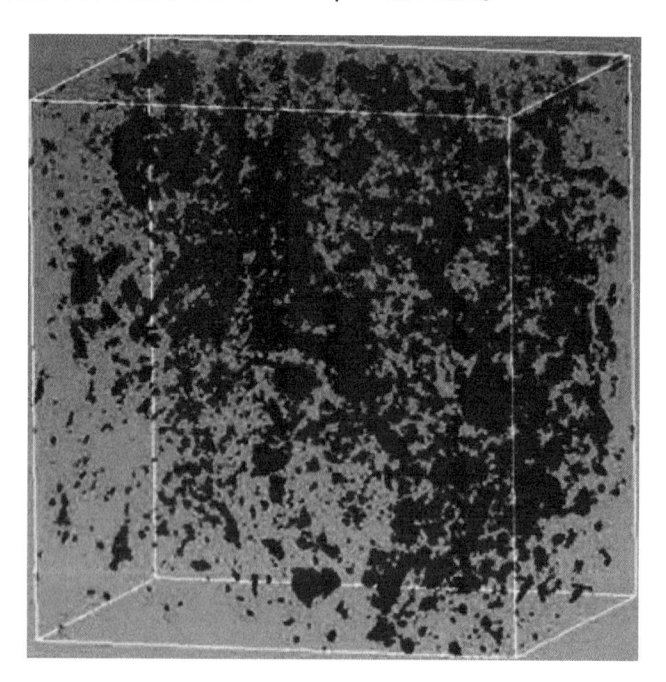

图 2.40 低分辨率数字岩心孔隙空间

2.3.1.2 模拟退火法构建储层微孔隙三维数字岩心

通过分析用于建模的扫描电镜图像可以得到的图像的面孔率 ϕ_0、两点概率

函数 $S(r)$ 和线性路径函数 $L(r)$，并以 ϕ_0、$S(r)$ 和 $L(r)$ 为约束条件构建了各向同性的两相（岩石骨架和孔隙）系统。假设在模拟退火法重建的数字岩心系统中与 $S(r)$ 和 $L(r)$ 相对应的函数分别为 $S_r(r)$ 和 $L_r(r)$，那么模拟退火算法建模的原理实际上是不断地优化数字岩心系统，直到统计函数 $S_r(r)$ 和 $L_r(r)$ 与 $S(r)$ 和 $L(r)$ 足够接近为止。其建模过程如下[140]。

首先随机生成孔隙度为 ϕ_0 的三维 0，1（0 代表孔隙，1 表示岩石骨架）数字岩心系统，启动 SA 进程。设某时刻计算出系统的 $S_r(r)$ 和 $L_r(r)$，通过下式计算出此时系统（称原系统）的能量 E。

$$E = \sum_i \alpha_i [S_r(r_i) - S(r_i)]^2 + \sum_i \beta_i [L_r(r_i) - L(r_i)]^2 \quad (2.27)$$

式中：α_i，β_i 为对应不同自变量的函数的权重值。

然后，分别从岩石骨架空间和孔隙空间中随机选取一骨架点和孔隙点，对换二者位置可以得到一个新的系统，这种做法可以保证在整个优化过程中生成的新系统能够保持不变的孔隙度。新系统生成后计算其两点概率函数 $S_r(r)$、线性路径函数 $L_r(r)$ 以及系统能量 E'。此时，利用 Metropolis 准则对新系统进行评判。假如新系统被判定为接受，则新系统被保留而原系统被抛弃，反之亦然，如此循环使得系统不断被优化。

在整个优化过程中系统的温度将会不断降低，初始时刻系统的温度最高，接受劣态系统的概率较大，这样可以使其尽可能地在全局范围内搜索最优结构，而避免系统陷入局部极值；随着系统温度的降低，劣态系统的接受概率也同步降低，从而加快系统的更新速度。最后，当系统在某一温度下更新失败次数足够多或者系统温度足够低时，停止更新并认为此时为最优化系统。

基于扫描电子显微镜获取碳酸盐岩岩心扫描灰度图像，其二值化图像通过最大类间距法分割得到。图 2.41 为碳酸盐岩岩心高分辨率二值化图像（黑色代表孔隙，白色代表骨架），主要表征的是碳酸盐岩微观孔隙的特征，图像相幅为 600×400，分辨率为 0.31μm/像素，扫描电镜与 CT 图像的分辨率比值为 1∶4。

图 2.42 为通过模拟退火法构建出的微孔隙数字岩心孔隙空间分布效果图，数字岩心物理尺寸为 0.186mm×0.186mm×0.186mm，与微米 CT 构建的大孔隙数字岩心尺寸相同。其中微孔隙数字岩心孔隙度为 15.25%，体素尺寸为 600×600×600，分辨率为 0.31μm/像素。

图 2.41 碳酸盐岩岩心高分辨率二值图像

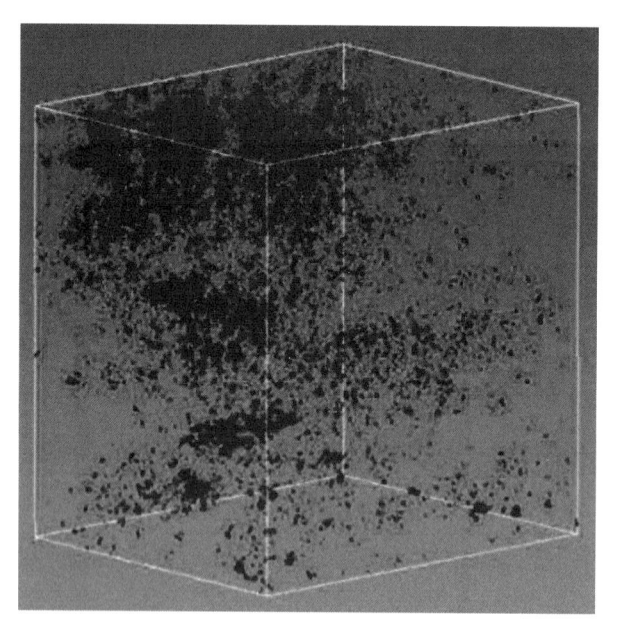

图 2.42 高分辨率数字岩心孔隙空间

2.3.1.3 叠加法构建双孔隙三维数字岩心

使用叠加耦合法建立双孔隙 3D 数字岩心的流程如下所示[141,142]。

(1) 分割大孔隙 3D 数字岩心的体素。如图 2.43 所示,根据大孔隙和微孔隙数字岩心的分辨率比值 $i(i=4)$,将大孔隙数字岩心中的体素分割成 $i×i×i$ 个体素,使大孔隙数字岩心和微孔隙数字岩心具有相同的体素尺寸。

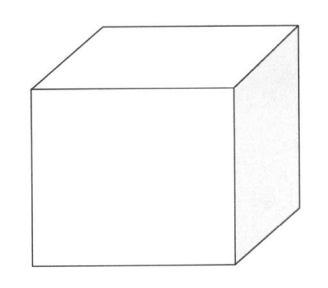

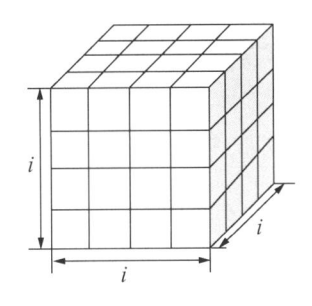

图 2.43 体素细化示意图

(2) 将微孔隙数字岩心孔隙系统和大孔隙数字岩心孔隙系统进行叠加,则双孔隙数字岩心的孔隙系统空间 I_S 为

$$I_S = I_A \cup I_B \tag{2.28}$$

式中：I_A 和 I_B 分别为微孔隙和大孔隙数字岩心的孔隙系统。由于数字岩心的数据体是通过 0(孔隙空间)和 1(骨架空间)来进行表征的,因此对微孔隙和大孔隙数字岩心的叠加操作为

$$0+0=0, \quad 0+1=0, \quad 1+0=0, \quad 1+1=1 \tag{2.29}$$

图 2.44 为基于叠加法构建的碳酸盐岩双孔隙数字岩心孔隙空间形态分布效果图,其孔隙度为 31.95%,体素的尺寸为 600×600×600,分辨率为 0.31μm/像素。对比大孔隙数字岩心和微孔隙数字岩心孔隙度大小,我们不难看出,使用叠加法构建的碳酸盐岩双孔隙数字岩心孔隙度显著提高,与岩心实测孔隙度(32.62%)更接近。

图 2.44 双孔隙数字岩心孔隙空间形态分布

2.3.2 数字岩心结构特征

2.3.2.1 两点概率函数和线性路径函数

基于大孔隙数字岩心(图 2.40)、微孔隙数字岩心(图 2.42)和双孔隙数字岩心(图 2.44),分别计算了数字岩心的连通孔隙体积比和自相关函数及线性路径函数。

(1)两点概率函数。

对只考虑骨架和孔隙两相的数字岩心系统而言,两点概率函数的含义是在两相系统中任意选择的两点同属于同一相的概率。通常以孔隙相为研究对象,用 $S(r)$ 来表示系统中随机选取的两点同时分布于孔隙相中的概率。其定义如下:

$$S(r) = \overline{Z(r) \times Z(r+r_0)} \tag{2.30}$$

$$Z(r) = \begin{cases} 1 & r \in 孔隙 \\ 0 & r \notin 孔隙 \end{cases} \tag{2.31}$$

$$\phi = \overline{Z(r)} = S(0) \tag{2.32}$$

式中:r 为系统中的任一点;r_0 为系统中任意两点的距离;"—"为统计平均;$Z(r)$ 为孔隙相函数;ϕ 为两相系统孔隙度。一般情况下,$S(r)$ 曲线的长度截取至曲线达到某一稳定值或水平波动不大时即可。

(2)线性路径函数。

在只考虑孔隙和骨架两相的系统中,线性路径函数 $L(r_1, r_2)$ 是描述多孔介质内孔隙相连通性能的重要函数,定义:

$$L(r_1, r_2) = \overline{p(r_1, r_2)}$$
$$p(r_1, r_2) = \begin{cases} 1, & r_x \in 孔隙 \\ 0 & else \end{cases} \tag{2.33}$$

式中:r_x 为连接 r_1,r_2 线段上的任意点。

在各向同性系统中,$L(r_1, r_2)$ 只取决于两点距离 r,故表达式可简化为 $L(r)$。对孔隙相相体积分数为 ϕ 的系统有 $L(0) = S(0) = \phi$;此外,$L(r)$ 随 r 的增大而减小,直至为 0。$L(r)$ 的计算长度选取到其值减小到 0 的值即可。

如图 2.45 所示为大孔隙数字岩心和微孔隙数字岩心对应的两点概率函数,图 2.46 为大孔隙数字岩心和微孔隙数字岩心对应的线性路径函数曲线。可以看出,微米 CT 构建的大孔隙数字岩心统计函数与岩心 2D CT 薄片分析得到的统计函数几乎完全一致，说明微米 CT 能真实地反映岩石孔隙空间分布特征和孔隙形态；模拟退火法构建的微孔隙数字岩心与原始扫描电镜 2D 岩心薄片计算得到的统计函数相接近，说明模拟退火法能较好地反映岩石孔隙特征。

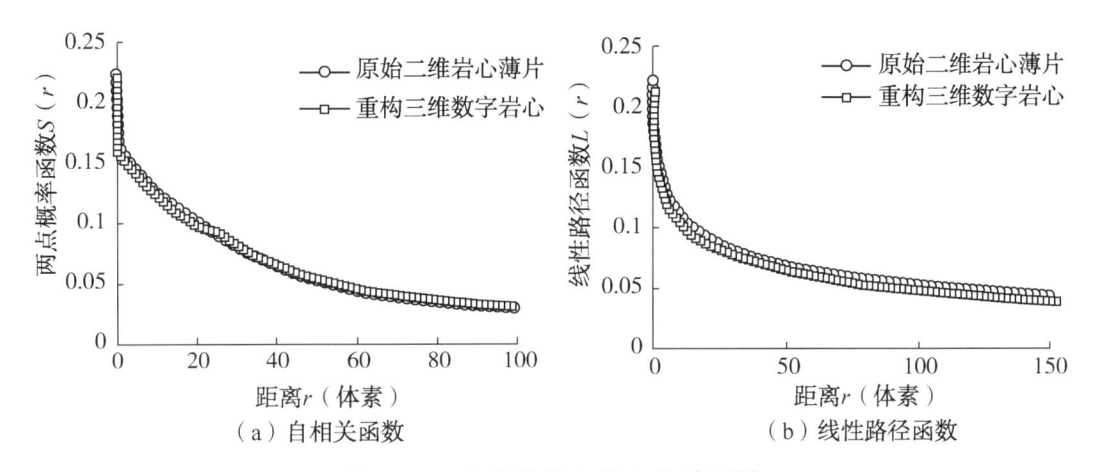

图 2.45　大孔隙数字岩心统计函数

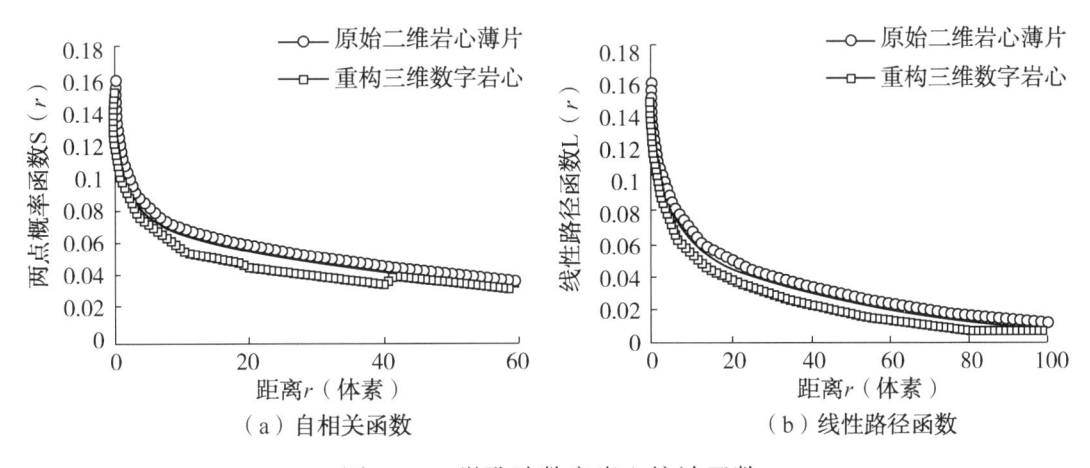

图 2.46　微孔隙数字岩心统计函数

2.3.2.2　连通孔隙体积比

连通孔隙体积比 f_p 表示为

$$f_p = \frac{V^*}{V} \quad (2.34)$$

式中：V^* 为排除死孔隙的连通孔隙部分的体积，m^3；V 为包含连通孔和死孔的岩心总孔隙体积，m^3。

通过计算可得，大孔隙数字岩心的连通体积比为 79.58%，微孔隙数字岩心的连通体积比为 84.62%，双孔隙数字岩心的连通体积比为 93.47%。由此可见，虽然微孔隙的孔隙体积比低于大孔隙的孔隙体积比，但是微孔隙数字岩心却比大孔隙数字岩心的连通孔隙体积比高,而且大孔隙数字岩心和微孔隙数字岩心的连通体积比均明显低于叠加后的双孔隙数字岩心;究其原因,一方面是由碳酸盐岩的强烈非均质性造成的,另一方面是由于微孔隙的添加增强了部分孤立大孔隙之间的连通作用。说明在对像碳酸盐岩这类孔隙空间复杂、孔隙尺寸分布范围广、非均质性强的岩心建模过程中,微孔隙对整个数字岩心的连通性提升有着重要影响。

2.3.3 渗流特征

兼顾到精度和运算速度,本研究选用基于 LBGK 的 D3Q19 3D 格子玻尔兹曼模型[53,143],其网格结构如图 2.47 所示。

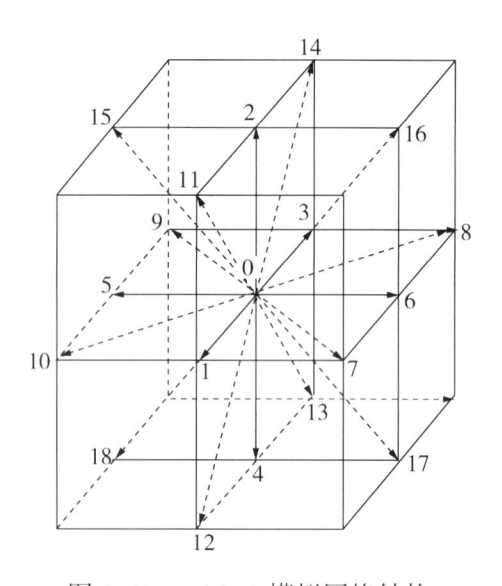

图 2.47 D3Q19 模拟网格结构

离散速度方向:

$$\vec{e_i} = \begin{cases} (0, 0, 0), i=0 \\ (\pm 1, 0, 0), (0, \pm 1, 0), (0, 0, \pm 1), i=1, \cdots, 6 \\ (\pm 1, \pm 1, 0), (\pm 1, 0, \pm 1), (0, \pm 1, \pm 1), i=7, \cdots, 18 \end{cases}$$

(2.35)

演化方程:

$$f_i(x+e_i\Delta t) = f_i(x, t) - \frac{1}{T}[f_i(x, t) - f_{\text{eqi}}(x, t)]$$ (2.36)

平衡态分布函数 f_{eqi}:

$$f_{\text{eqi}} = \tau_\sigma \rho \left[1 + 3\frac{e_i u}{c^2} + 4.5\frac{(e_i u)^2}{c^4} - 1.5\frac{u^2}{c^2} \right] \quad (2.37)$$

宏观密度、宏观速度：

$$\rho = \sum_i f_i(x, t) \quad (2.38)$$

$$\rho u = \sum_i f_i(x, t) e_i \quad (2.39)$$

式中：$f_i(x, t)$ 为格点 x 处 t 时刻沿 i 方向的粒子分布函数；T 为弛豫（松弛）时间；c 为格子速度，$c = \Delta x / \Delta t$，Δx 和 Δt 分别为网格步长和时间步长；τ_σ 为权系数，$\tau_\sigma = 1/3 (i=0)$，$\tau_\sigma = 1/18 (i=1, \cdots, 6)$，$\tau_\sigma = 1/36 (i=7, \cdots, 18)$。

式（2.35）至式（2.39）构成格子 Boltzmann 方法的迭代模型，在计算中，首先设定流体渗流的方向，将数字岩心其余四面用一层骨架点封隔起来。为保证二阶计算精度，孔隙与岩石骨架之间采用曲线边界条件，出入口施加一定压力。

使用 LBM 分别估算了大孔隙数字岩心（图 2.40）、微孔隙数字岩心（图 2.42）和双孔隙数字岩心（图 2.44）的单相绝对渗透率，模拟结果表明：大孔隙数字岩心的绝对渗透率为 1.62mD，微孔隙数字岩心的绝对渗透率为 0.057mD，双孔隙数字岩心的绝对渗透率为 2.46mD。对比三种数字岩心的渗透率可以看出，不同尺度下岩石孔隙的渗流特征差距较大，大孔隙数字岩心的渗透率明显大于微孔隙数字岩心的渗透率，这说明大孔隙是岩心渗流的主体通道，微孔隙本身的渗透率很小；此外，叠加后的碳酸盐岩双孔隙数字岩心，其渗透率不仅大于大孔隙数字岩心和微孔隙数字岩心的渗透率，而且大于二者之和，这说明在非均质性强的碳酸盐岩油藏中，微孔隙的存在能够大大提高碳酸盐岩油藏的整体连通性。所以，混合法对构建既能准确反映大孔隙空间结构特征，又包含微孔隙结构信息的双孔隙数字岩心至关重要。

2.3.4 小结

（1）基于 CT 和模拟退火法分别建立的大孔隙、微孔隙碳酸盐岩 3D 数字岩心，利用叠加法构建双孔隙 3D 数字岩心，该混合法建立的数字岩心克服了单一尺度下物理实验法和数值重建法建模误差大的缺点，既保证了岩心尺寸与大孔隙信息特征，又具有微孔隙结构特征，极大提高了数字岩心建模精度。

（2）由孔隙度资料和渗流特征分析可以看到，大孔隙占孔隙体积比高，对渗透率贡献最大，微孔隙的存在能够大大提高碳酸盐岩油藏的整体连通性。因此，利用该混合法建立既包含准确可靠的大孔隙空间结构信息，又具有微孔隙结构特征的高精度3D数字岩心对岩石物理微观数值模拟至关重要。

（3）该混合法兼有物理实验法建模准确可靠，数值重建法高效经济等优点；克服了纳米CT建立微孔隙数字岩心费时费力、成本高昂，数值重建法构建大孔隙数字岩心模型精度不够等缺点。该方法建模时间和费用适中，模型精度较高，可以应用到各种储层数字岩心建模中。

2.4 本章小结

（1）介绍了致密岩石同步辐射光源成像实验技术，具体包括：同步辐射数据处理、模型构建和STL文件生成，以及数字岩心与3D打印结合技术和同步辐射光源3D数字岩心模型放大打印等创新成果。

（2）介绍了数字岩心代表性岩石样品和图像优选方法，该方法克服了通常选取岩石样品和建模用图像的随意性；改进了以孔隙度为约束的灰度图像阈值分割方法，新方法分割更加合理有效。

（3）介绍了改进的混合数值重建法，该法提出了"大孔隙——物理实验法，小（微）孔隙——数值重建法"的双孔隙3D数字岩心混合物理数值重建的方法；这种方法是一种构建准确数字岩心的折中方法，其优点是利用物理法构建的大孔隙部分准确可靠，同时又兼有微小孔隙信息；缺点是利用数值法重建的那部分小微孔隙与真实岩石孔隙结构有差别，而且通过叠加耦合的方法会造成错误叠加。但这种方法优于单一的物理法、数值法和混合数值法，可以用于构建具有多尺度孔喉系统复杂数字岩心，同时能在一定程度上反映储层的实际特征。

3 基于模板匹配的致密油储层多尺度数字岩心建模方法

岩石是非均质的多尺度多孔介质：两个具有相同体相性质（如孔隙度、渗透率等）的岩石样品在微观结构上可能有很大的差异。数字岩石技术和现代3D打印的出现为复制岩石提供了新的机会。然而，成像分辨率和样品大小之间的内在权衡限制了同时表征岩石的微观和宏观结构[144]。

3.1 致密油储层孔喉多尺度特征

致密砂岩恒速压汞实验（图3.1）[145]表明：不同于常规储层，致密油储层非均质性强，孔喉比大（50至1000），主体孔径分布范围广（亚微米至几百微米），喉道半径小（超纳米至亚微米）。杨正明等[146]（2015）利用核磁共振和离心仪，研究了不同渗透率致密岩心流体的赋存特征，发现致密油藏流体可流动的喉道半径下限值为0.05μm；岩心中纳米级喉道（<0.10μm）所控制的流体百分数随着岩心渗透率降低而急剧上升，而纳米级喉道所控制的可动流体体积随渗透率

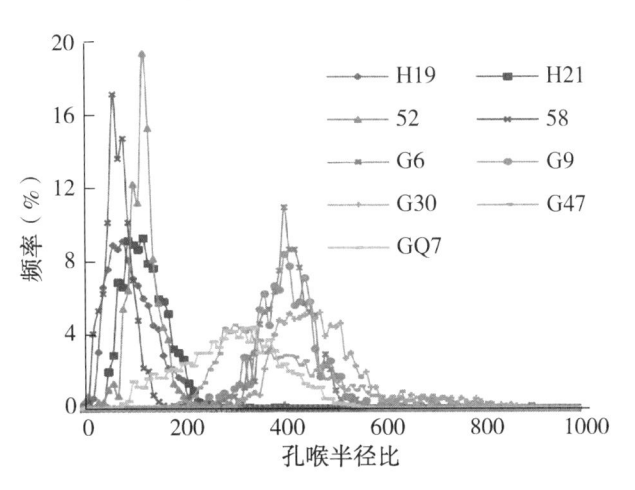

图3.1 川中致密砂岩孔喉比[145]

的减小呈逐渐增加趋势；微米级喉道（>1.00μm）所控制的流体和可动流体百分数随岩心渗透率降低而急剧下降，亚微米级喉道（0.10～1.00μm）所控制的流体和可动流体百分数随岩心渗透率降低而先增加后减小，呈抛物线变化趋势，这说明致密油储层微纳米孔喉对流体渗流起关键作用。

受成像样品尺寸和扫描分辨率固有矛盾的限制，通常仪器的成像分辨率与最大成像视域之比约为1∶1000。例如：如果成像分辨率为5.0μm/像素，X-CT成像的最大样品尺寸约为5mm，对常规的中高渗透储层而言，这样的扫描分辨率基本可以捕获大部分的主流孔喉结构信息，而且微小孔喉对中高渗透储层渗流贡献很小，所以扫描分辨率与样品尺寸之间的矛盾在常规储层表现的不明显。不同于中高渗透储层，致密油储层微纳米级孔隙对渗流起相当重要作用，选择分辨率较高的成像才能捕捉微小孔喉结构信息，但是，致密油非均质性很强，小样品实验很难具有代表性。

目前在致密油储层数字岩心领域，大部分研究是基于单一精度和单一尺度研究的。例如：刘伟等（2013）[101]利用多点地质统计法建立了致密砂岩数字岩心，通过数值模拟，研究了致密油储层孔隙结构类型、泥质质量分数和地层水矿化度等因素对阿尔奇公式中饱和度指数和胶结指数等参数的影响。邹友龙等[102]（2015）使用过程法重构了致密油储层数字岩心，并利用随机行走法模拟不同成岩过程岩石的核磁共振响应以及不同润湿性岩石孔隙中流体的核磁共振响应。李易霖、张云峰等[46]（2016）利用VGStudio MAX CT数据分析功能，结合Avizo软件，建立了大安油田扶余油层致密砂岩3D数字岩心，同时结合环境扫描电镜（ESEM）、Maps图像拼接技术、铸体薄片、恒速压汞等油气分析测试方法对扶余油层微观孔隙特征进行了定量表征。盛军等[103]（2018）使用不同分辨率X-CT建立了不同级别的致密油储层3D数字岩心，利用最大球算法提取数字岩心孔隙网络模型，基于孔隙网络模型模拟了致密油储层物性参数、进汞曲线以及孔喉分布曲线、两相渗透率曲线并与室内常规实验结果平行对比。Lv等[104]（2019）使用纳米CT和Avizo软件建立了致密砂岩储层数字岩心，并使用COMSOL软件开展数字岩心渗流模拟，评价了致密油储层渗流半径。以上关于致密油储层研究均是基于单一精度的数字岩心模型开展的，这些数字岩心模型有的是尺寸很小，包含岩石物理信息少，缺乏代表性；有的是模型精度不够，造成小孔隙缺失，连通性差。针对单一分辨率的数字岩心模型无法完整描述岩心不同尺度结构信息的问题，一些学者做了相关工作，包括崔利凯等[147]（2017）提出了基于多分辨率图像融合的多尺度多组分数字岩心构建方法，其主

3 基于模板匹配的致密油储层多尺度数字岩心建模方法

体思路是通过对岩心多分辨率CT成像,采用基于特征的图像配准方法实现了不同分辨率岩心图像的精确匹配;再通过融合不同分辨率岩心扫描图像进行孔隙分割和矿物分割,构建多尺度、多组分的数字岩心模型;这种图像配准的方法实际上是在低分辨率的图像中找与高分辨率子图像对应区域的过程,可以实现两种分辨率下相同位置岩石信息对比研究,但是并不能实现同一个模型整合多尺度的孔喉信息,高精度的部分也仅仅局限在原来的高分辨率的子图像部分。同样地,Wu等[148](2017)在研究致密油储层时认为,由于单一成像方法受成像分辨率和样品尺寸矛盾的限制,在分辨率和样品尺寸之间必须做一个权衡和折中,从而不足以获得页岩的全局图像;前人对于孔隙结构的研究使用了单一成像表征方法,研究仅限于有限的尺度范围(图3.2),这不足以描述岩石的非均质性和孔隙在不同尺度下的连通性;因此他们提出了一个分析非常规储层多尺度特征的综合工作流程,具体将数字岩心模拟分为三级:第一级针对微观机理研究;第二级分析有机质、无机物、宏孔等空间分布特征;第三级主要研究微裂缝方位和拓扑学结构。这种通过建立不同级别数字岩心方法来分别分析致密油储层(页岩)在不同尺度下的特征(结构特征、渗流特性等)方法,仍然无法将致密油储层多尺度孔喉结构特征整合到一个数字岩心模型中,建立一个完整的致密油储层数字岩心。

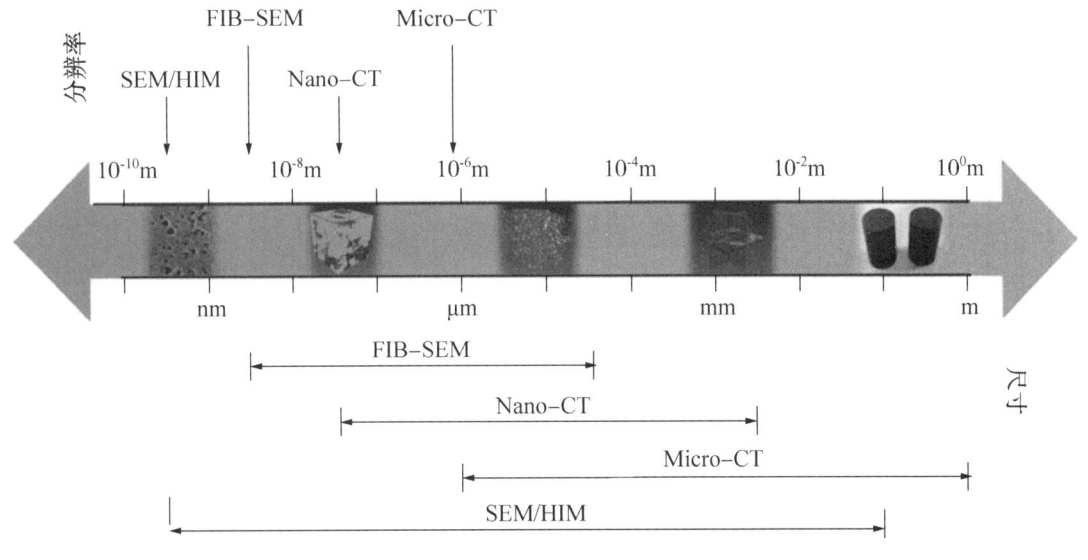

图3.2 数字岩心成像设备的分辨率和尺寸关系[148]

综上所述,基于目前的数字岩心建模技术,难以有效建立同时包含致密油储层多尺度孔喉结构信息的符合致密油储层基本特征的多尺度数字岩心。

3.2 数字岩心模板匹配法

目前数字岩心建模方法主要包括物理实验法、数值重建法和混合法。物理实验法的优点是构建的数字岩心模型能真实地反映岩石孔隙结构，其中应用最为广泛的是 X-CT 法。X-CT 法是目前构建数字岩心最为准确的方法，其具有准确性高、样品无损、形象直观等优点；缺点是只能构建单一精度的数字岩心，受样品尺寸和扫描分辨率的固有矛盾限制。数值重建法具有数据易于获取、过程简单快速、结果适用性强等优点；但构建的数字岩心缺乏针对性，与真实岩心的孔隙结构存在差别。混合法克服了单一数值重建法构建数字岩心的诸多缺点，构建的混合数字岩心模型连通性明显改善，孔隙结构更加复杂；但构建的数字岩心孔隙时仍然使用数值重建法，构建的多尺度孔隙结构与真实岩石孔隙结构仍然存在差别，而且利用叠加耦合法时容易造成孔隙的错误叠加。鉴于前述致密油储层复杂特殊性和目前数字岩心建模方法的诸多不足，本书介绍了一种基于模板匹配的多尺度数字岩心建模新方法，其基本流程如图 3.3 所示。

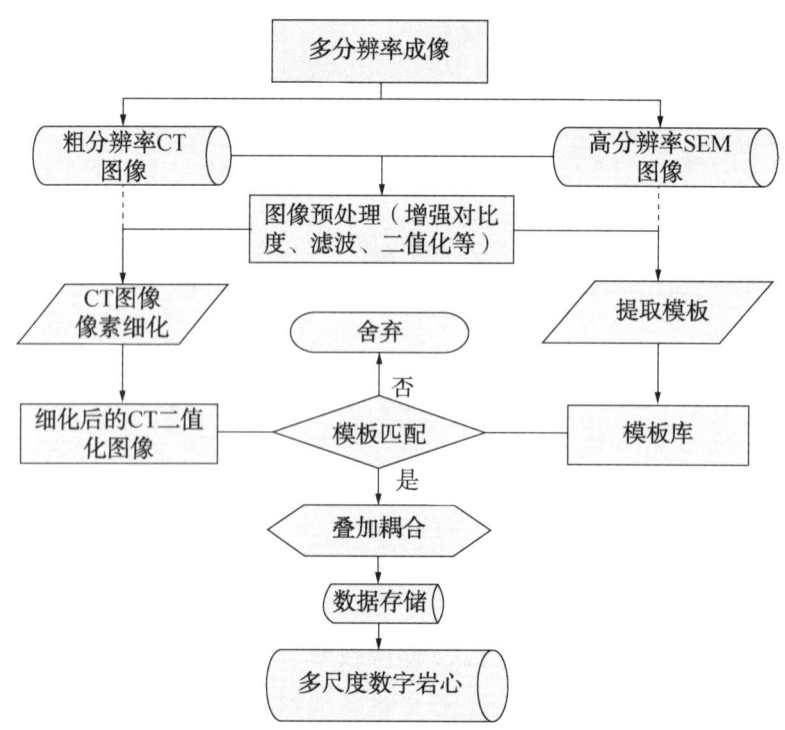

图 3.3 基于模板匹配的多尺度数字岩石重建流程图

3.2.1 理论基础

模板匹配是一种最原始、最基本的模式识别方法，研究某一特定对象的图案位于图像的什么地方，进而识别对象，这就是一个匹配问题。它是图像处理中最基本、最常用的匹配方法[149]。

模板匹配算法主要包括相关法、误差法和二次匹配误差算法等。

（1）相关法。

例如在8位灰度图像中，$S(W, H)$是被搜索图，$T(m, n)$为模板，将模板叠放在被搜索图上平移，S_{ij}是模板覆盖被搜索图的那块区域，也叫子图，i, j为子图左下角在被搜索图S上的坐标，搜索范围是：$1 \leqslant i \leqslant W-n$，$1 \leqslant j \leqslant H-m$。$T$和$S_{ij}$的相似性可以用下式衡量：

$$D(i, j) = \sum_{m=1}^{M} \sum_{n=1}^{N} [S_{i,j}(m, n) - T(m, n)]^2 \tag{3.1}$$

将其归一化，得到模板匹配的相关系数：

$$R(i, j) = \frac{\sum_{m=1}^{M} \sum_{n=1}^{N} S_{i,j}(m, n) \times T(m, n)}{\sqrt{\sum_{m=1}^{M} \sum_{n=1}^{N} [S_{i,j}(m, n)]^2} \sqrt{\sum_{m=1}^{M} \sum_{n=1}^{N} [T(m, n)]^2}} \tag{3.2}$$

当相关系数$R(i, j) = 1$时，代表模板和子图完全一样，在被搜索图S中完成全部搜索后，找到R的最大值$R_{\max}(i_m, j_m)$，其对应的子图$S_{i_m j_m}$即为匹配目标[150]。

（2）误差法。

误差法即衡量T和S_{ij}的误差，其公式为

$$E(i, j) = \sum_{m=1}^{M} \sum_{n=1}^{N} |S_{i,j}(m, n) - T(m, n)| \tag{3.3}$$

其中，匹配目标在$E(i, j)$取最小值时得到。为提高计算速度，取一误差阈值E_0，当$E(i, j) > E_0$时便停止该点的计算，继续计算下一点。模板越大，匹配速度越慢；模板越小，匹配速度越快[150]。

（3）二次匹配误差算法。

二次匹配误差算法包含两个匹配步骤。第一次是做一个粗略地匹配。使用1/4的模板数据（模板的隔行隔列数据），在被搜索图上的1/4范围内进行匹配，即在原图进行隔行隔列地扫描匹配。这样极大地减少了数据量，从而大幅提高了匹配速度。

误差阈值 E_0：

$$E_0 = e_0 \times \frac{m+1}{2} \times \frac{n+1}{2} \tag{3.4}$$

式中：e_0 为各点平均的最大误差，取值范围在 40~50 之间；m、n 分别为模板的长、宽。

第二次匹配是精确匹配。在第 1 次误差最小点 $(i_{\min}, j_{\min})$ 的邻域内，即在对角点为 $(i_{\min}-1, j_{\min}-1)$，$(i_{\min}+1, j_{\min}+1)$ 的矩形内进行搜索匹配，得到最后结果[150]。

(4) 高速模板匹配法。

不同于边缘检测中使用的模板，模板匹配中使用的模板相当于 [(8×8) ~ (32×32)]。从大幅面图像寻找与模板最一致的对象，计算量大，要花费相当多的时间。为使模板匹配高速化，Barnea 等提出了序贯相似性检——SSDA 法 (Sequential Similiarity Detection Algorithm)[151]。

SSDA 法计算图像 $f(x, y)$ 在像素 (u, v) 的非相似度 $m(u, v)$ 为

$$m(u, v) = \sum_{k=1}^{n} \sum_{l=1}^{m} |f(k+u-1, l+v-1) - t(k, l)| \tag{3.5}$$

以 $m(u, v)$ 作为匹配尺度。式中 (u, v) 表示的不是模板与图像重合部分的中心坐标，而是重合部分左上角像素坐标。模板的大小为：$n×m$。

假如与模板相同的图案在图像的 (u, v) 处，那么 $m(u, v)$ 的值就很小，反之则反[151]。

3.2.2 基本假设

同一块(区域)储层岩石，由于成岩环境和赋存环境相同，岩石的储层岩矿物学特征(储层岩石矿物组成、储层岩石结构)、储层物性和储层孔隙结构(孔隙类型、孔隙结构特征)等往往都相同或相似。

3.2.3 算法原理

基于岩石成像数据特点和岩石孔隙结构特点，模板匹配算法选用相关法。模板被定义为选自高分辨率图像(如 SEM 图像)的局部区域，这些部分通常包含粗分辨率图像(如 CT 图像)不能识别的微小孔隙结构。每个模板被选取为代表一种几何结构的孔隙，众多的模板最后形成一个模板库。模板匹配就是利用高分辨率的模板在低分辨率的图像上搜索遍历，通过相关法计算找到与模板几

何结构相似的粗分辨率图像的特定区域的过程。每一个模板以像素点为单位步长,遍历粗分辨率图像的所有位置,每一步进行一次相关性计算,当相关法计算的相关系数 R 不小于预设阈值 R_0 时,被认为匹配成功并被系统记录下来。详细的匹配过程包括以下四步(图 3.4)。

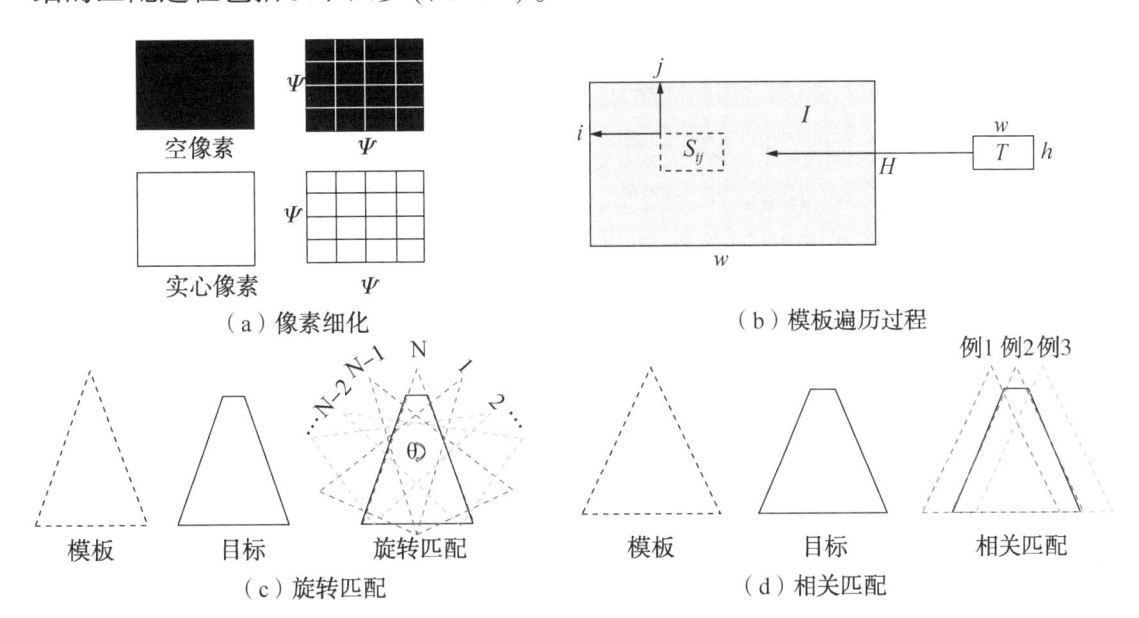

图 3.4 模板匹配原理示意图

(1)像素细化。为了能进行模板匹配,必须保证粗分辨率图像和高分辨率的模板具有相同的像素尺寸(分辨率);具体是将粗分辨率图像的像素进行分割,根据粗分辨率图像与高分辨率模板的分辨率之比 Ψ,将每个粗分辨率图像的像素点分割成 $\Psi \times \Psi$ 个像素点;如图 3.4(a)所示,图中白色代表骨架像素点,黑色代表孔隙像素点。

(2)模板匹配。如图 3.4(b)所示,对一个宽和高分别为 w 像素和 h 像素的模板 T,假设被匹配图像(粗分辨率图像)I 的宽和高分别为 W 像素和 H 像素,其中,$W>w$,$H>h$。则整个遍历步为 $(W-w+1) \times (H-h+1)$,搜索范围是 $1 \leqslant j \leqslant W-w$,$1 \leqslant i \leqslant H-h$;$S_{ij}$ 是在某一搜索步中图像 I 中的一个匹配目标。基于相关法原理,模板 T 与被遍历子图 S_{ij} 的相似度 D 可以根据下式计算:

$$D(i,j) = \sum_{m=1}^{w} \sum_{n=1}^{h} [S_{ij}(m,n) - T(m,n)]^2 \qquad (3.6)$$

归一化式(3.6),可以得到相关系数 R 为

$$R(i,j) = \frac{\sum_{m=1}^{w} \sum_{n=1}^{h} [S_{ij}(m,n) \times T(m,n)]}{\sqrt{\sum_{m=1}^{w} \sum_{n=1}^{h} [S_{ij}(m,n)]^2} \sqrt{\sum_{m=1}^{w} \sum_{n=1}^{h} [T(m,n)]^2}} \qquad (3.7)$$

(3) 旋转匹配。如图 3.4(c)所示，考虑到模板在匹配过程中的角度问题，在每一个搜索步中，将模板绕其中心以一定角度 θ 顺时针旋转进行 N 次匹配 ($N \times \theta = 360°$)，在整个旋转匹配过程中，只保留相关系数 R' 最大的匹配，其中 $R' \geq R_0$，R_0 是预设阈值，当模板与匹配子图相同时，相关系数 $R(i,j) = 1$。

(4) 相关匹配。如图 3.4(d)所示，相关匹配是指对同一特征结构(区域)，出现前后 $k(k \geq 2)$ 个连续匹配步的相关系数 R 都大于预设阈值 R_0，则此时只保留其中匹配系数最大的匹配步。例如，在连续的 3 个匹配步中，如果匹配步 1、匹配步 2 和匹配步 3 的相关系数满足：$R_1 \geq R_0$，$R_2 \geq R_0$，$R_3 \geq R_0$；且 $R_2 > R_1$，$R_2 > R_3$；则只保留匹配步 2。

(5) 模板耦合。对成功的匹配，按照叠加原理将模板嵌入低分辨率图像中。具体地，I_A 和 I_B 分别代表高分辨率模板和像素细化后的粗分辨率图像的孔隙空间，则两者叠加后的孔隙空间为

$$I_S = I_A \cup I_B \tag{3.8}$$

考虑到二值图像中孔隙相和骨架相分别由 0 和 1 代表，则叠加计算操作如下：

$$0_A + 0_B = 0_S, \quad 0_A + 1_B = 0_S, \quad 1_A + 0_B = 0_S, \quad 1_A + 1_B = 1_S \tag{3.9}$$

通过强制"$1_A + 0_B = 0_S$"，该操作使孔隙叠加计算不会衰减，保留了原始孔隙相。

3.2.4 模型检验

3.2.4.1 实验和样品

作为一个验证例，选取了某油田典型致密砂岩用于算法的检验。该致密砂岩样品发育原始粒间孔和二次溶蚀孔。原始粒间孔边缘整齐，孔隙内部干净，孔隙半径大；二次溶蚀孔孔隙不规则，孔隙边缘被长石和岩屑填充。图 3.5 是该样品扫描电镜(SEM)图像，展示了孔隙的几何形态；从图中可以看到该样品包含大孔隙(>77μm)和小孔喉，孔喉尺寸分布范围大；图中用三箭头标记的结构可以认为是垂向延伸的喉道或微小孔隙，双箭头标记的结构是裂隙或喉道，虚线标记的结构是大孔隙的角隅，这些标记的特征结构通常在低分辨率成像中被识别为固体骨架。

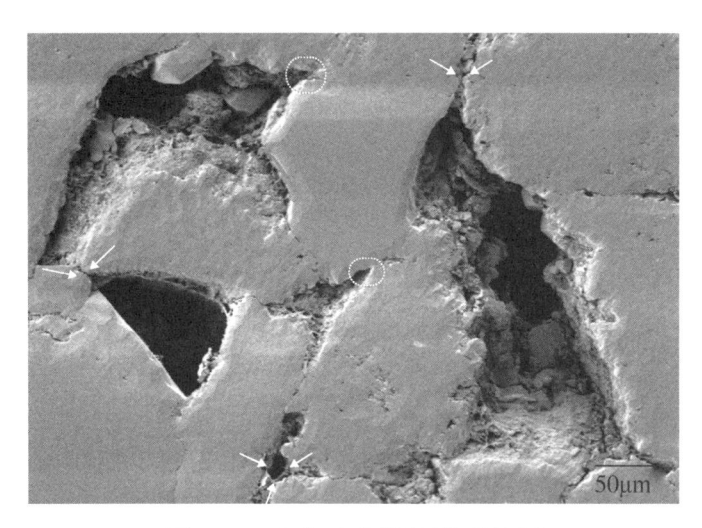

3 基于模板匹配的致密油储层多尺度数字岩心建模方法

图 3.5 致密砂岩样品孔喉特征

使用 US Coretest 生产的 ASPE 730 恒速压汞仪测试岩心样品的孔喉参数，进汞压力是 0~1000psi（约 7MPa），进汞速度为 0.00005mL/min，汞的接触角为 140°，界面张力为 0.485N/m[152-156]。使用常规氮气测试测量岩心有效孔隙度。使用最大球算法[157-160]计算数字岩心的孔喉参数；数字岩心的孔隙度通过统计二值图像（孔隙相标记为 0，骨架相标记为 1）中标记为 0 的像素点个数与二值图像中所有像素点之比得到；连通孔隙体积排出掉了不连通的孤立孔隙部分。

示例致密砂岩岩心孔隙度为 10.58%，气测渗透率为 $2.24×10^{-16}m^2$。从该岩心中钻取了直径约为 1.0cm，长度约为 1.1cm 的小样，使用 UltraXRM-L200 CT 仪对该样品进行扫描，实验流程如图 3.6 所示。由于该致密砂岩具有"大孔小喉"的特征，所以选择 CT 成像分辨率为 10μm/像素，以达到大的扫描视域、同时捕捉到大部分大孔隙结构信息的目的。X-CT 共得到 1054 张 CT 灰度图像，对其进行对比度增强、滤波和二值化分割等图像预处理操作。为了表征小的孔喉，将 CT 成像过的样品制作成 3 个直径约 0.2cm、长度约 0.2cm 的小样品，使用聚焦离子束扫描电镜（FIB-SEM）对其进行更高分辨率（0.5μm/像素）的成像，以表征大部分 CT 成像中没有识别到的微小孔喉结构，实验流程如图 3.7 所示。扫描电镜与 CT 成像分辨率之比为 1：20，偶数倍关系的好处是便于后续图像融合过程中 CT 图像像素点的分割细化。

SEM 实验共得到 82 张灰度图像，对这些 SEM 图像使用与 CT 图像相同的图像预处理方法得到 82 张二值化 SEM 图像，图 3.8(a) 展示了同时包含大孔隙和微小孔喉结构的 SEM 二值化示例图像。基于前述的模板制作原则，从 82 张二值化 SEM 图像中提取了 200 个子图作为模板，形成模板库，示例模板如图 3.8

(b)所示。这些模板的共同特征是不仅包含微小孔喉、裂隙，还包含 CT 成像中也能识别的大的孔体；大的孔体作为模板和 CT 图像的公有部分，是模板和 CT 图像匹配的基础。

（a）UltraXRM-L200 CT仪

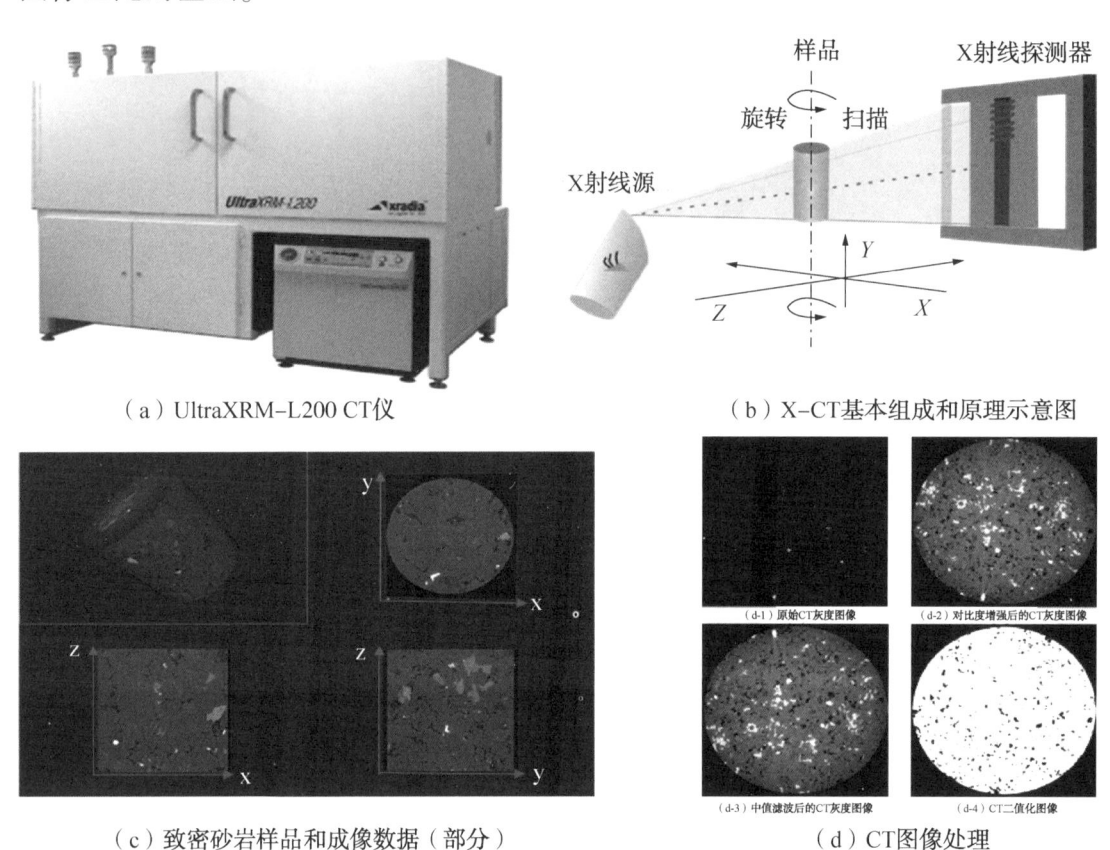

（b）X-CT基本组成和原理示意图

（c）致密砂岩样品和成像数据（部分）

（d）CT图像处理

图 3.6　X-CT 设备和工作流程

（a）CT扫描后的致密砂岩样品

（b）SEM成像样品

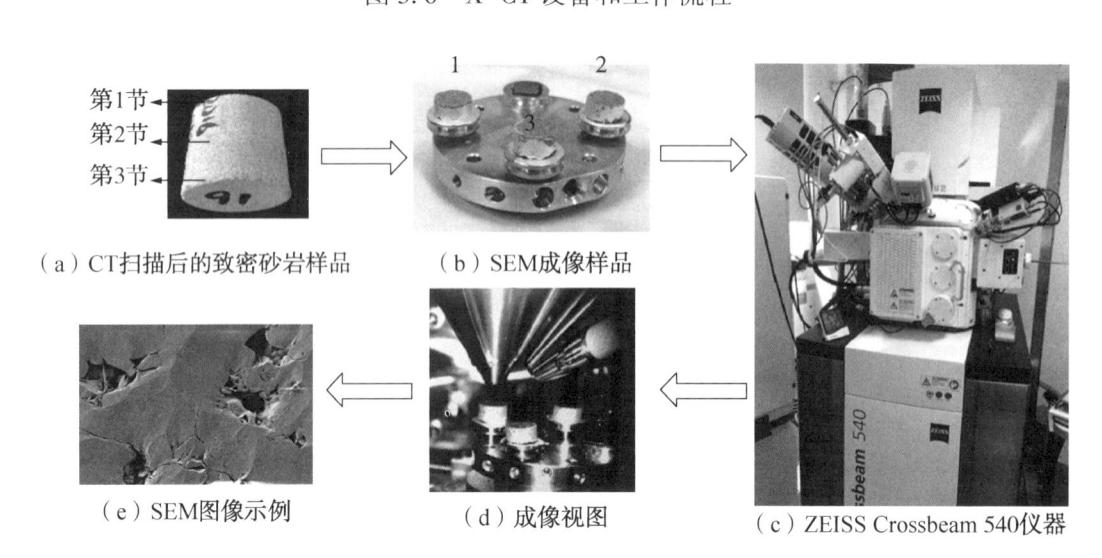

（c）ZEISS Crossbeam 540仪器

（d）成像视图

（e）SEM图像示例

图 3.7　FIB-SEM 成像设备和工作流程

(a) 包含多尺度孔喉结构的SEM二值化图像子集

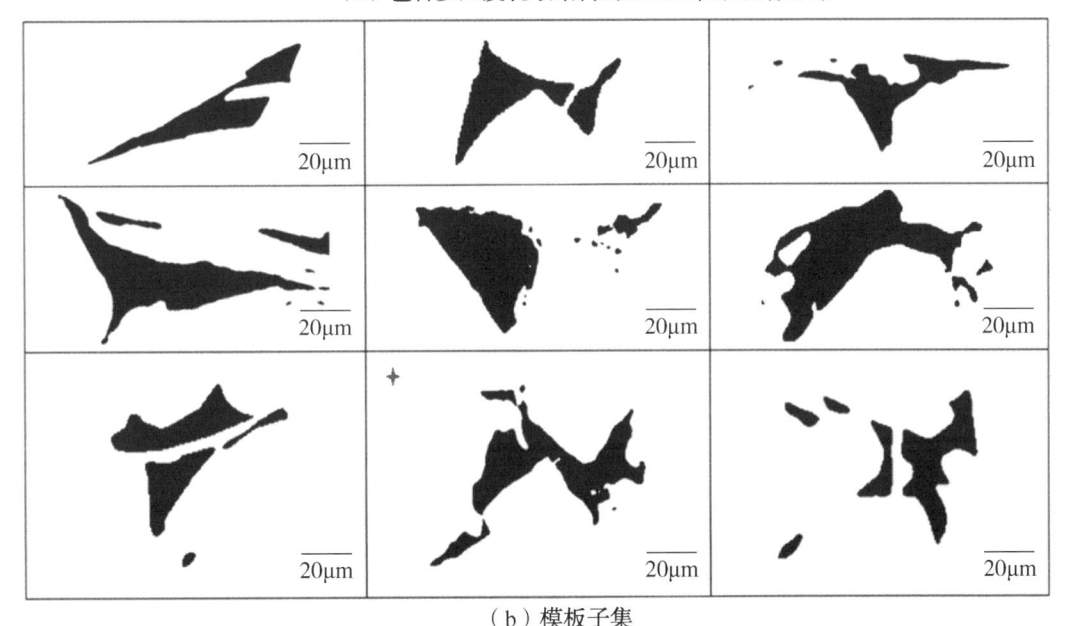

(b) 模板子集

图 3.8 SEM 图像和模板示例

(模板和 SEM 图像之间的对应关系的示例由十字星号表示)

3.2.4.2 结果和讨论

(1) 岩石物理参数。

基于 3.2.4.1 节得到的 1054 张 CT 二值化图像和 200 个模板，对 3.2.3 节提出的数字岩心模板匹配算法进行测试和验证。将 200 个模板使用模板匹配算法对 1054 张 CT 二值化图像进行运算，参数设置如下：预设阈值 $R_0=0.95$，旋转角度 $\theta=5°$，旋转次数 $N=72$，分辨率之比 $\Psi=20$。实验共检测到 2834 次成功的匹配；其中对单个模板而言，最大的成功匹配次数为 37，最小次数是 1，众数是 14，如图 3.9(a) 所示；对单张 CT 图像而言，最大的成功匹配次数是 8，最小次数是 0，众数是 2，如图 3.9(b) 所示。模板的成功匹配说明高分辨率图像中的微小结构的确嵌入了 CT 图像中，单个模板的多次匹配成功暗示岩石在沉积和成岩过程中发育了相同或相似的孔隙结构。

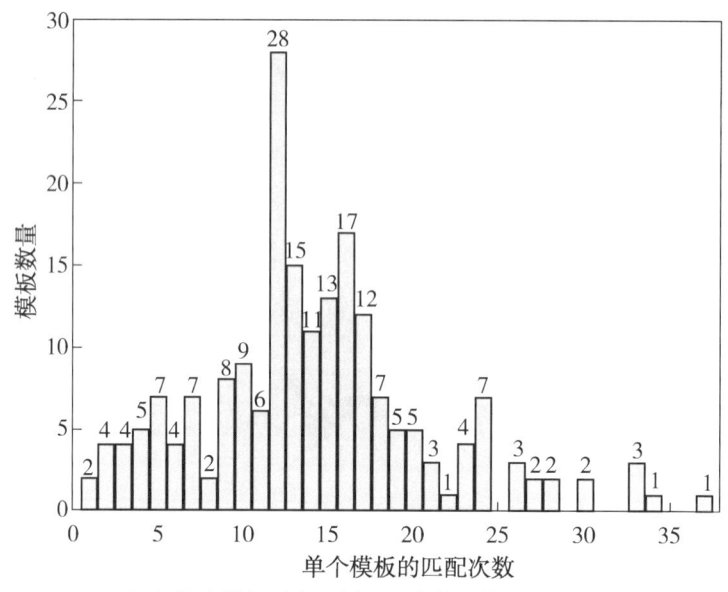

(a) 单个模板对应不同匹配次数的模板数目分布直方图

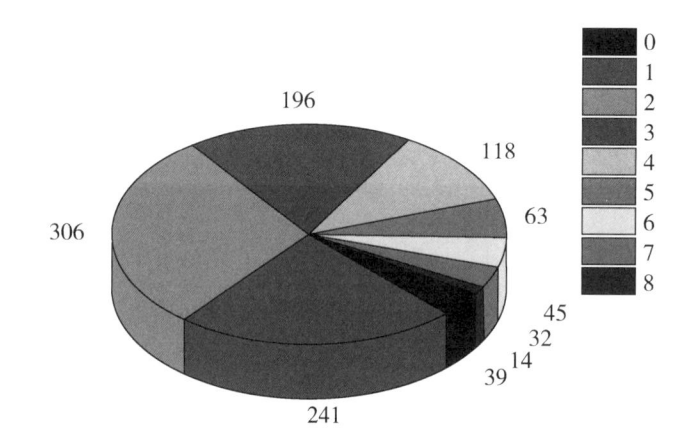

(b) 单幅CT图像对应不同匹配次数的CT图像数目分布扇形图

图 3.9 模板匹配的统计结果

图 3.10(a)展示的是直接用 CT 图像构建的数字岩心(后文统一用 CT 数字岩心代指);图 3.10(b)展示的是使用 200 个模板匹配优化后的 CT 图像构建的数字岩心(后文统一用 CT-SEM 数字岩心代指),图中标黄的部分是通过模板匹配法新嵌入的孔隙结构。可以看到,通过模板匹配算法,一些小的孔隙结构被嵌入了 CT 数字岩心中;模板主要嵌入了大孔隙的边缘以及角隅,嵌入后的CT-SEM 数字岩心孔隙之间连通性改善。

对比数字岩心和真实岩心的岩石物理参数,见表 3.1,可以看到,就孔隙的数量而言,两种数字岩心差别不大,且和真实岩心结果都比较接近。这应该

(a) CT数字岩心　　　　　　　　(b) CT-SEM数字岩心

图3.10　两种数字岩心对比

是由于孔隙的尺寸往往比较大,大部分的孔隙都能够被粗分辨率的CT表征到。但是,由于实验用的CT分辨率不足,导致大部分的微小孔喉缺失,所以导致CT数字岩心的喉道数量明显低于CT-SEM数字岩心;结果也使得CT数字岩心的平均配位数低于CT-SEM数字岩心,从而孔隙的连通性也变差。由于嵌入了微小孔喉结构,CT-SEM数字岩心的孔隙度要比CT数字岩心高出21.14%。事实上,由于统计了数字岩心中的不连通孔隙,所以CT-SEM数字岩心的孔隙度也要略微高于实测岩心的有效孔隙度。由于微小孔隙和喉道的缺失,CT数字岩心的连通孔隙度明显低于真实岩心和CT-SEM数字岩心的孔隙度。

表3.1　真实岩石和数字岩石的岩石物理参数

参数	真实岩心数值	CT数字岩心 数值	CT数字岩心 误差	CT-SEM数字岩心 数值	CT-SEM数字岩心 误差
孔隙度	—	8.94%	—	10.83%	—
连通孔隙度	10.58%	7.37%	30.34%	10.31%	2.55%
孔隙数量	1320	1229	6.89%	1336	1.21%
喉道数量	—	1635		2145	
平均配位数	—	2.88		3.25	
渗透率(mD)	2.24×10^{-1}	1.09×10^{2}		3.12	

注:孔隙度=(孔隙体积/岩石体积)×100%,连通孔隙度=(连通孔隙体积/岩石体积)×100%;配位数描述连接到单个孔的喉道数,配位数越大,孔连通性越好。

此外，进一步对比了数字岩心和真实岩心的孔喉半径分布，如图 3.11 所示。结果表明[图 3.11(a)]，真实岩心实测孔隙半径为 50~220μm，主体孔隙半径为 107μm；CT-SEM 数字岩心孔隙半径分布范围更广，为 30~234μm，主体孔隙半径为 102μm；CT 数字岩心孔隙半径分布范围更窄，为 80~200μm，主体孔隙半径为 120μm。就孔隙半径分布范围而言，两种数字岩心差别不大，与真实岩心结果相接近，但总体而言，CT-SEM 数字岩心孔隙分布更接近真实岩心实测结果。从图 3.11(b)可以看到 CT 数字岩心的喉道半径分布与 CT-SEM 数字岩心和真实岩心结果存在显著差别。由于 CT 成像分辨率为 10μm，所以 CT 数字岩心的喉道半径分布范围为 10~40μm，主体喉道半径为 20μm。然而，真实岩心的实测喉道半径分布范围为 0.4~2.2μm，主体喉道半径为 0.9μm；

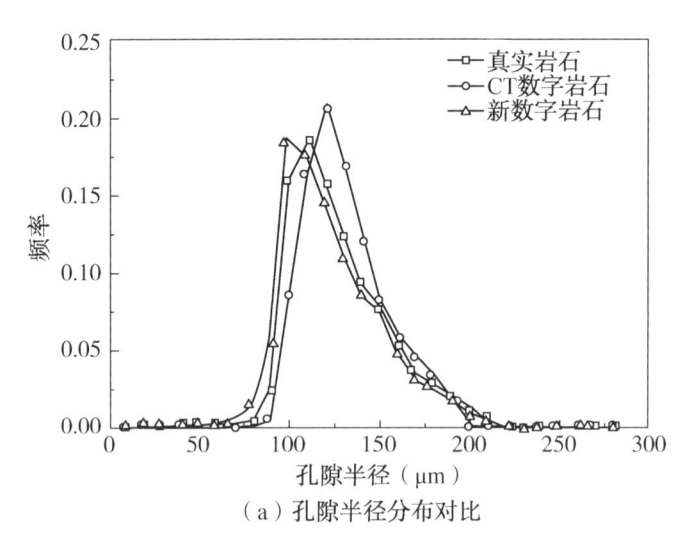

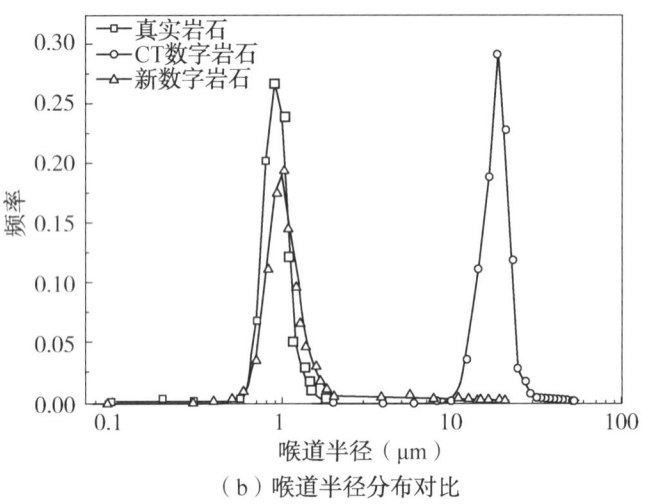

(a) 孔隙半径分布对比

(b) 喉道半径分布对比

图 3.11 数字岩石和真实岩石的孔隙和喉道半径分布

CT-SEM 数字岩心喉道半径分布范围为 0.5~10μm，主体喉道半径为 1.0μm。对比结果表明，CT-SEM 数字岩心喉道半径分布与真实岩心实测结果符合较好；这说明粗分辨率的成像能捕获大部分孔隙信息，但是不能表征到尺寸低于 CT 扫描分辨率的孔喉，通过模板匹配法使数字岩心在一定程度上恢复了这些微小结构。

（2）渗流特性。

比起格子玻尔兹曼方法（Lattice Boltzmann Method，LBM），孔隙网络模型（Pore Network Model，PNM）对数字岩心孔隙空间进行了简化，使用 PNM 估算数字岩心模型绝对渗透率需要更少的计算时间和更小的计算机内存。所以，利用 PNM[157-160] 评估了数字岩心的渗透性。为进一步简化模型和提高计算效率，采用了代表体积元（Representative Elementary Volume，REV）[161-163] 分析方法对数字岩心模型进行简化，REV 方法是从集合中找到一个与之平均性质相似的最小子集的过程，这里选择孔隙度为评价参数。具体地，从大的数字岩心模型中心以 0.5mm 间隔等间距地切割边长从 0.5mm 到 7.0mm 的子立方体单元，计算这些单元体孔隙度。结果如图 3.12 所示，当边长达到 4.0mm 时，从 CT-SEM 数字岩心和 CT 数字岩心中提取的子体积孔隙度都趋于稳定；所以，数字岩心的代表性体积元尺寸为 4.0mm×4.0mm×4.0mm，代表体积元如图 3.13 所示。

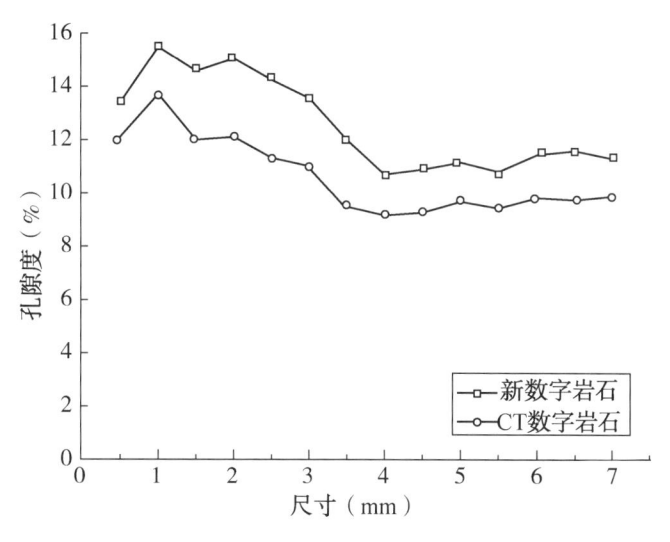

图 3.12 基于孔隙度的数字岩石代表体积元分析

由于渗流只发生在连通的孔隙中，所以从上述两个代表性体积元中提取了两个最长的连通孔隙，如图 3.14 所示，并且得到他们的孔隙网络模型用于渗透率预测，如图 3.15 所示。

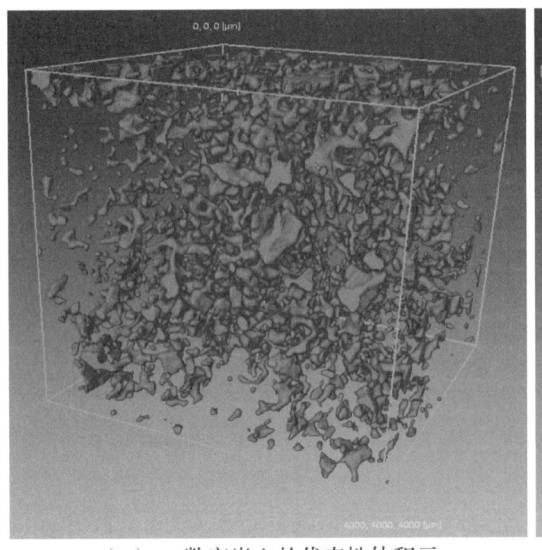

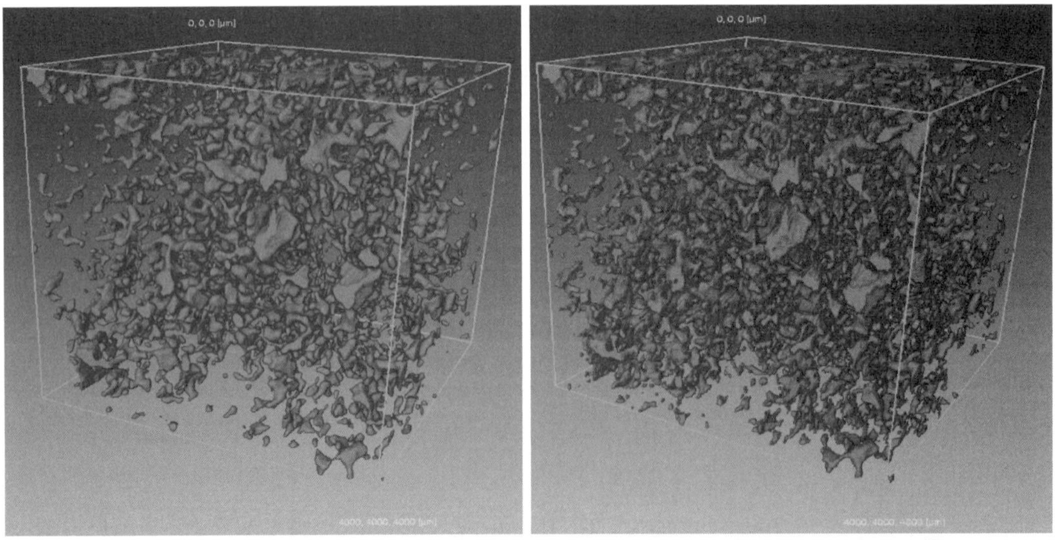

（a）CT数字岩心的代表性体积元　　　　（b）CT-SEM数字岩心的代表性体积元

图3.13　数字岩石的代表性孔隙体积

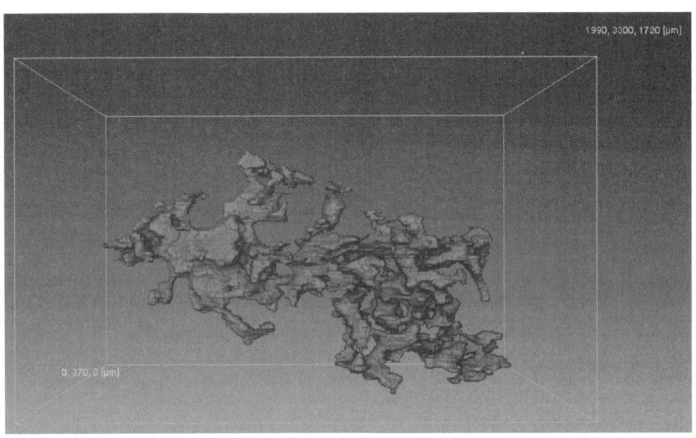

（a）CT数字岩石代表体积元中最大的连通孔隙体

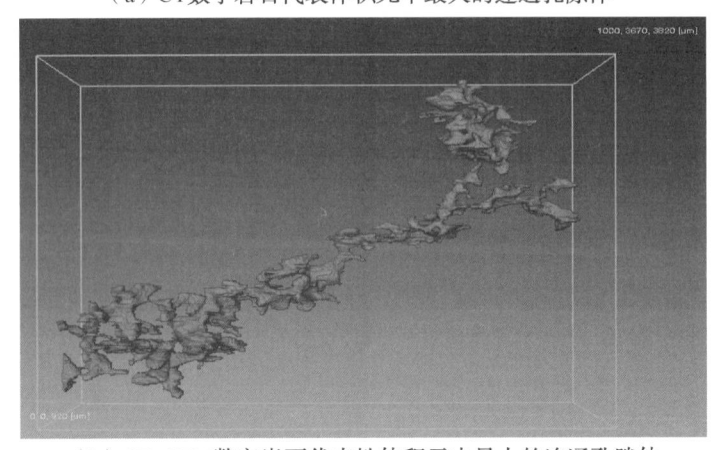

（b）CT-SEM数字岩石代表性体积元中最大的连通孔隙体

图3.14　数字岩石代表性体积元中最大的连通孔隙体积

3 基于模板匹配的致密油储层多尺度数字岩心建模方法

(a) CT数字岩石代表性孔隙网络模型　　(b) CT-SEM数字岩石代表性孔隙网络模型

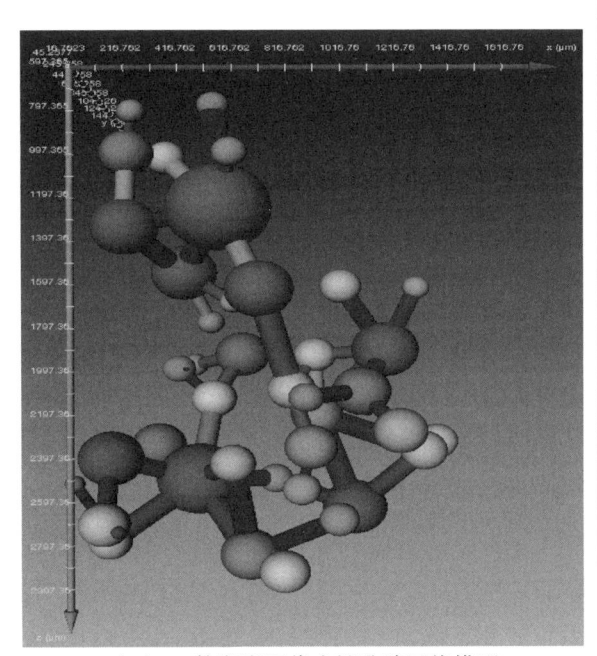

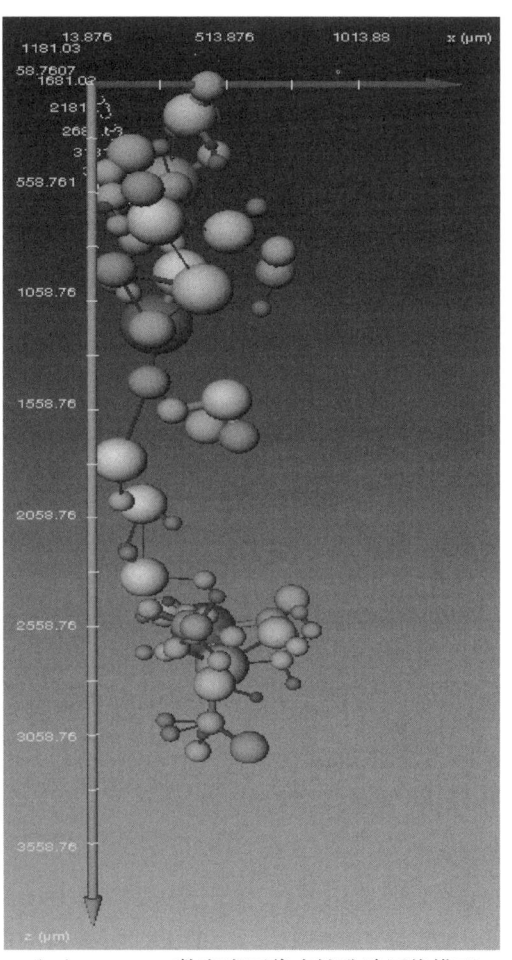

图 3.15　数字岩石代表性孔隙网络模型

从图 3.15 可以看到，CT-SEM 数字岩心的连通孔隙网络比 CT 数字岩心的大，而且一些孤立的孔隙被小的孔喉连通。通过孔隙网络模型预测的数字岩心渗透率结果见表 3.1；模拟的结果表明，CT-SEM 数字岩心的渗透率比 CT 数字岩心小两个数量级，这是由于细小孔喉的加入，使得原本不连通的大孔隙连通起来，而这些细小孔喉一方面充当桥梁的作用——增加连通性，另一方面又像瓶颈——缩小渗流通道；然而，由于更细小孔喉的缺失，如小于 0.5μm 孔喉部分，使得 CT-SEM 数字岩心和 CT 数字岩心的渗透率都比真实岩心实测渗透率大，CT-SEM 数字岩心的计算渗透率比岩心实测渗透率高 1 个数量级，而 CT 数字岩心的渗透率比岩心实测渗透率高出了 3 个数量级。如果在 CT-SEM 数字岩心模型中加入更细小(<0.5μm)孔喉，则更多的孔隙能被这些细小孔喉串联起来，进而能提取到更长的连通孔隙体积和连通孔隙网络，这样的孔隙网络更具

有代表性，以此估算得到的绝对渗透率也会与岩心实测渗透率更接近，届时构建的数字岩心模型更能代表实际致密岩心。

由此可见，在构建致密油储层数字岩心时，准确地捕捉多尺度孔喉至关重要。不同于常规储层，致密油储层数字岩心构建时，除了表征到体积占多数的大孔隙外，还必须同时包含细小孔喉，否则构建的数字岩心模型在渗透性上与真实致密岩心相差较大。

3.2.5 小结

本书介绍的构建数字岩心的模板匹配法是为了解决 CT 法中成像分辨率与样品尺寸的矛盾，通过 2D 图像分辨率的扩展，实现了 3D 模型精度的提高，极大地节省了计算资源，为大尺寸（厘米级）跨尺度数字岩心的构建和未来 1∶1 的 3D 打印数字岩心模型提供了可能。此外，模板匹配法在数字岩心中首次应用实现了不同物理成像数据的跨尺度几何融合，避免了叠加耦合方法带来的不确定性和错误叠加。而且，模板匹配法基于几何结构相似，模板均来自实际岩石，即使嵌入低分辨率图像的微小结构不是特别恰当，这种误差也可以被接受，因为这些嵌入结构仍然反映的是储层岩石实际孔隙特征，即在该储层中一定能找到发育与之相似的孔隙结构。不仅如此，模板匹配法还是比较灵活的数字岩心构建方法，研究者可以根据模板数量的多少，调节匹配阈值以达到构建多尺度模型的目的；即当模板数量很多或者匹配率较高导致模型整体孔隙度明显偏离实际岩石孔隙度时，可以适当提高匹配阈值，减小匹配概率，相反也可以通过降低匹配阈值的方法来提高匹配概率。此外，模板的旋转角度也是可以根据需要调节。模板匹配法的另一个特点是不用通过数学算法来构建几何结构；因为现有的数值重建法构建的数字岩心模型与实际岩石达到的是统计相似，而不是几何相似；要想通过几个统计约束函数（如两点概率函数、线性路径函数等）来构建像岩石孔隙结构这样的复杂体是异常艰难的，所以，通过直接筛选特征孔隙结构的方法避免了这一挑战。

当然，本书介绍的构建数字岩心的模板匹配法是带有经验性的，即假设岩石中发育相同或相似的微小结构，但这种方法不用像数值法一样利用有限的约束函数来重构岩石孔隙结构。和现有的其他数字岩心建模方法发展初期一样，这种方法发展还不够成熟，依然存在一些缺点和不足，比如，人为选取模板具有经验性并且费时费力。未来可以做的工作还包括 3D 模板的匹配、建立数字岩心模板库，将各地区各类型岩石的储层微观结构制作为模板，研究者可以直接在线上共享系统使用目标储层模板库中的模板进行匹配,也可以将自己选取的对应区块的模板上传到在线模板库,以此减少工作量和丰富模板数据库以及从厘米—毫米—微米—纳米的多级匹配,这些工作都将有利于提高该法的应用效果。

3.3 软件系统设计与实现

3.3.1 数字岩心系统主模块

如图3-16所示,数字岩心系统主要分为五个子模块,分别是文件功能模块、预处理模块、岩心三维重建模块、多分辨率处理模块和显示功能模块。

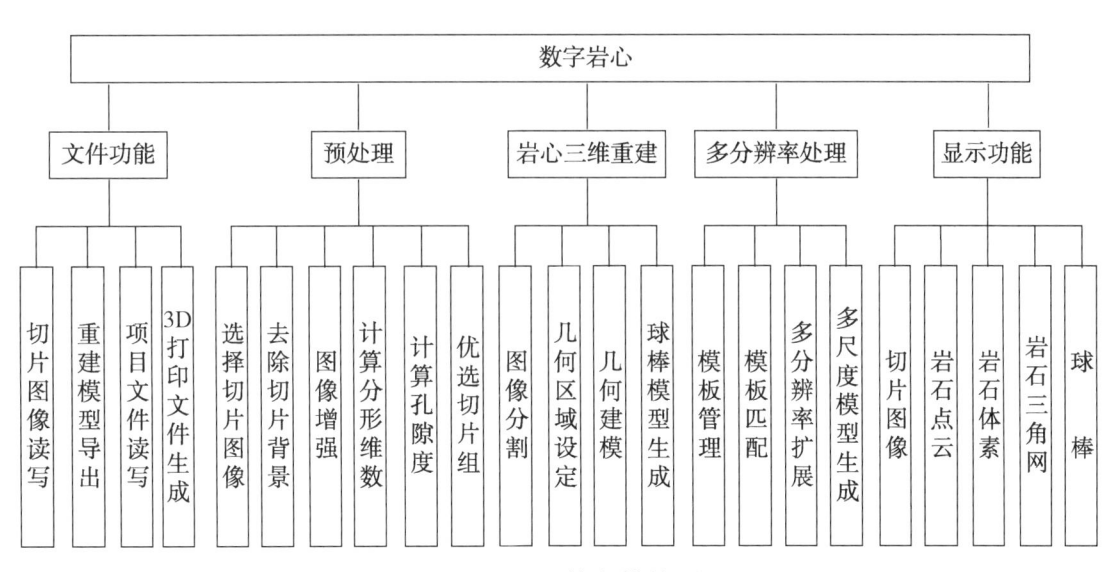

图3.16 系统主模块图

3.3.2 功能详细描述

3.3.2.1 文件功能模块

新建项目或打开已有的文件继续处理,读取切片图像,将重建的3D模型以数据文件格式导出,导出3D打印模型数据。

① 读写切片数据。读取切片或将切片以文件方式输出。

② 导出模型。将重建的 3D 岩心模型导出(体素、三角形或球棒数据)。
③ 打开项目。打开已有的项目文件。
④ 3D 打印文件生成。

(1) 模块结构图。

该模块用来读取数字岩心建模数据及输出处理后切片数据和模型数据,并可实现对已有项目的读入和再编辑,输出 3D 打印文件数据。有 4 个子模块组成,模块结构图如图 3.17 所示。

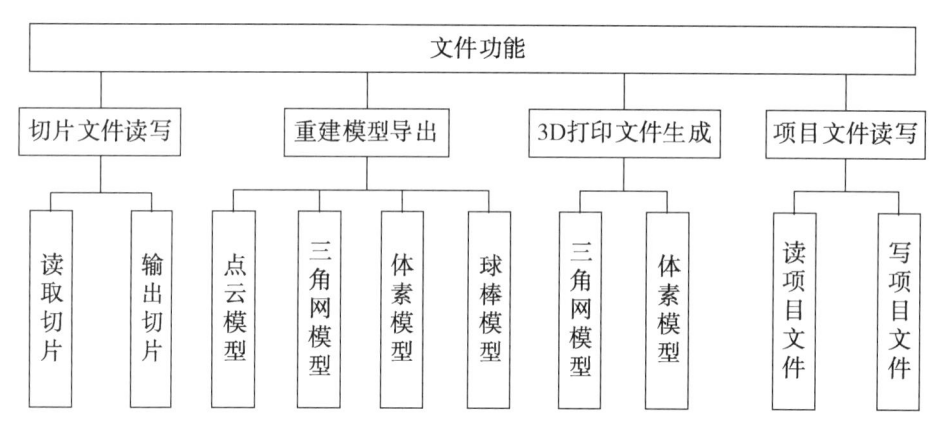

图 3.17 文件功能模块结构图

(2) 模块功能描述。

根据用户选择为读取项目还是新建项目,新建项目时直接进行切片读取并进行后续操作,并根据用户选择进行岩心模型导出、3D 文件打印等功能;若为读取项目文件则可以直接进行模型导出、3D 打印文件生成等功能,退出则记录程序操作断点。

(3) 主要类及类间关系。

该模块主要用到的类包括以下几类。

① 核心数据及算法类:文档类,CDigitalCoreDoc;场景类,dcScene;切片类,dcSlice;切片组类,dcSlices。

② 界面交互类:文件选择对话框类,CFileDialog;程序界面交互类,CMainFrame;视图类,CDigitalCoreView。

各类之间的关系如图 3.18 所示。

(4) 算法流程图如图 3.19 所示。

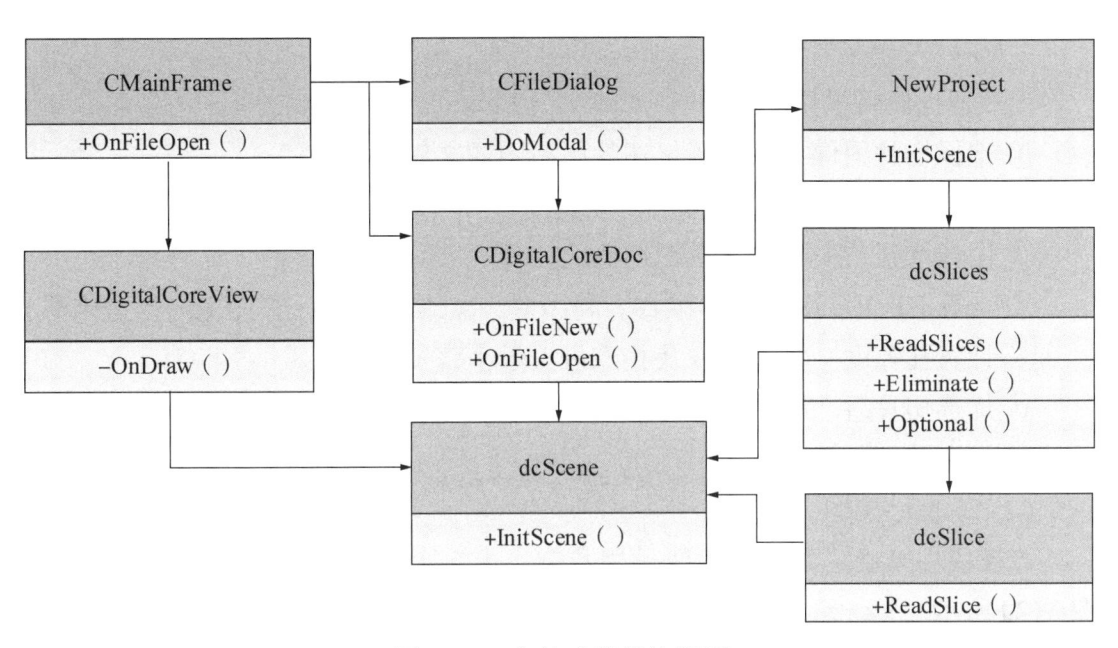

图 3.18　文件功能模块类图

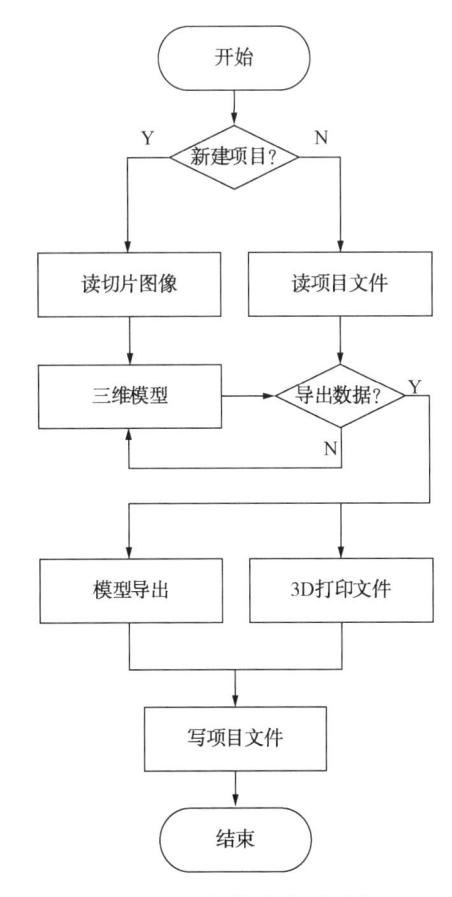

图 3.19　文件功能流程图

3.3.2.2 预处理模块

油藏数据解析模块如下。

① 选择切片图像文件。指定切片原始图像文件。

② 去除切片背景像素影响。超像素分割、区域融合。

③ 图像增强。去噪，直方图均衡化处理。

④ 计算 CT 切片图像分形维数。利用差分盒维数算法计算图像分形盒维数。

⑤ 计算孔隙度。轮廓提取及孔隙最大最小直径。

⑥ 优选切片组。根据给定的组内切片数，分形维数及孔隙度，计算有代表性的切片组进行重建。

（1）模块结构图。

该模块用来确定数字岩心建模用数据。由 5 个子模块组成。模块结构图如图 3.20 所示。

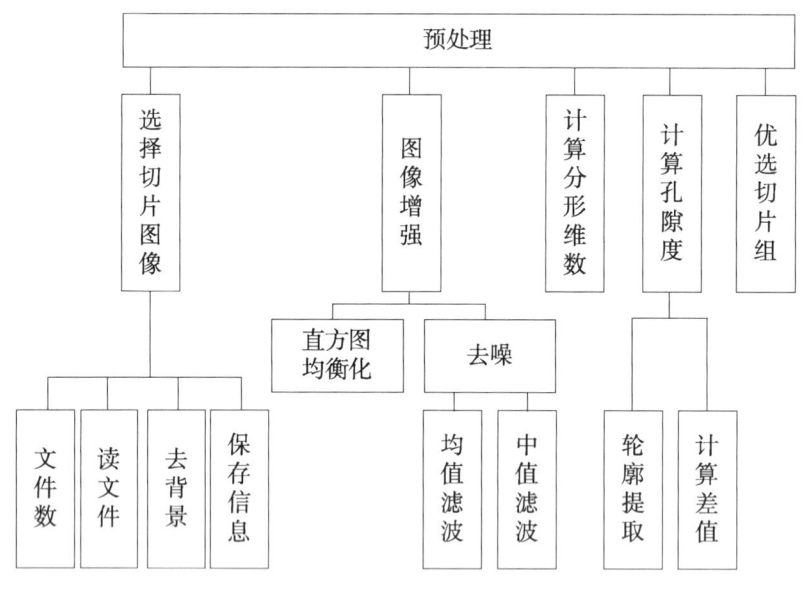

图 3.20 预处理模块结构图

（2）模块功能描述。

首先用户指定进行重建的数据文件目录，接着统计图像文件数、读文件数及相关信息保存；在获取该文件夹中文件信息后，对图像文件进行去背景、噪声及增强对比度处理；接着计算每张切片的分形盒维数及孔隙度；分形盒维数及孔隙度选择最优切片组。

（3）主要类及类间关系。

该模块主要用到的类包括以下几类。

① 核心数据及算法类：场景类，dcScene；切片类，dcSlice；切片组类，dcSlices；选择器类，dcSeletor；文档类，CDigitalCoreDoc。

② 界面交互类：组内切片数设置对话框类，C3DprogressDlg；文件夹选择对话框类，CFileDialog；程序界面交互类，CMainFrame；视图类，CDigitalCoreView。各类之间的关系如图3.21所示。

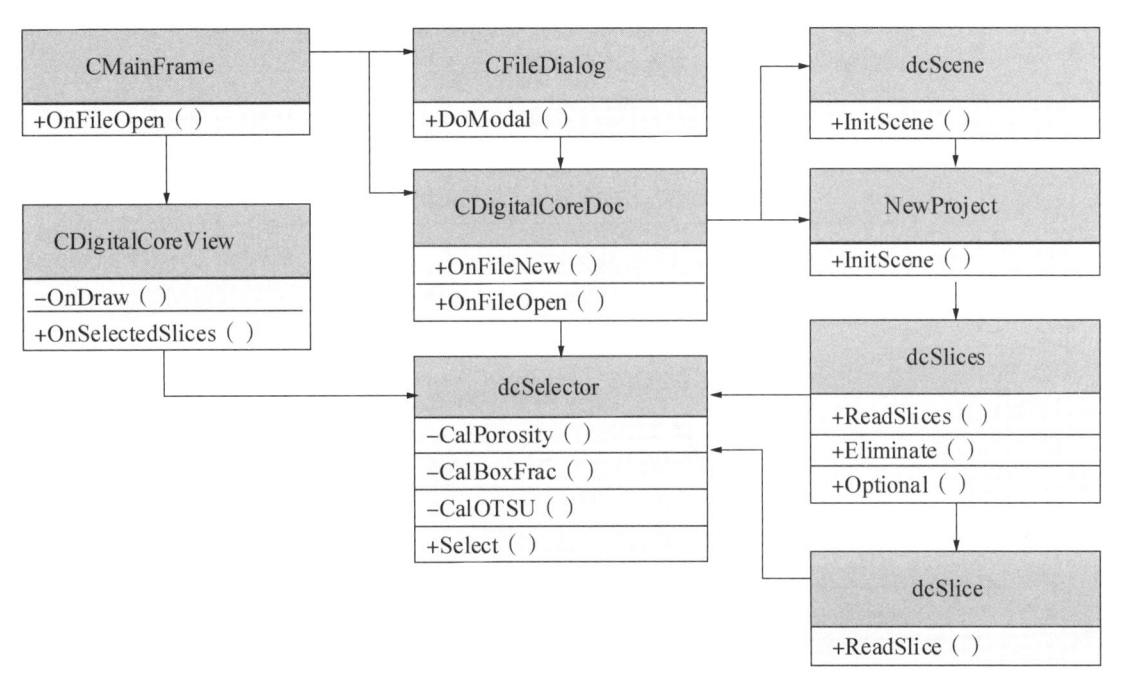

图 3.21 预处理模块类图

(4) 算法流程图。

① 计算分形盒维数。算法流程如图3.22所示。

② 优选切片组。算法流程图如图3.23所示。

③ 预处理模块总体流程图如图3.24所示。

3.3.2.3 岩心三维重建模块

根据确定的切片组，进行骨架和孔隙分割，结合给定的区域，建立骨架和孔隙的点云、外壳、三角片、体素和球棒等几何模型。

① 图像分割。采用最大类间方差法和人机交互两种分割方法区分骨架和孔隙像素数据。

② 几何区域设定。在优选的切片组内，指定一定范围的切片，同时在切片内指定纵向和横向的像素区域。

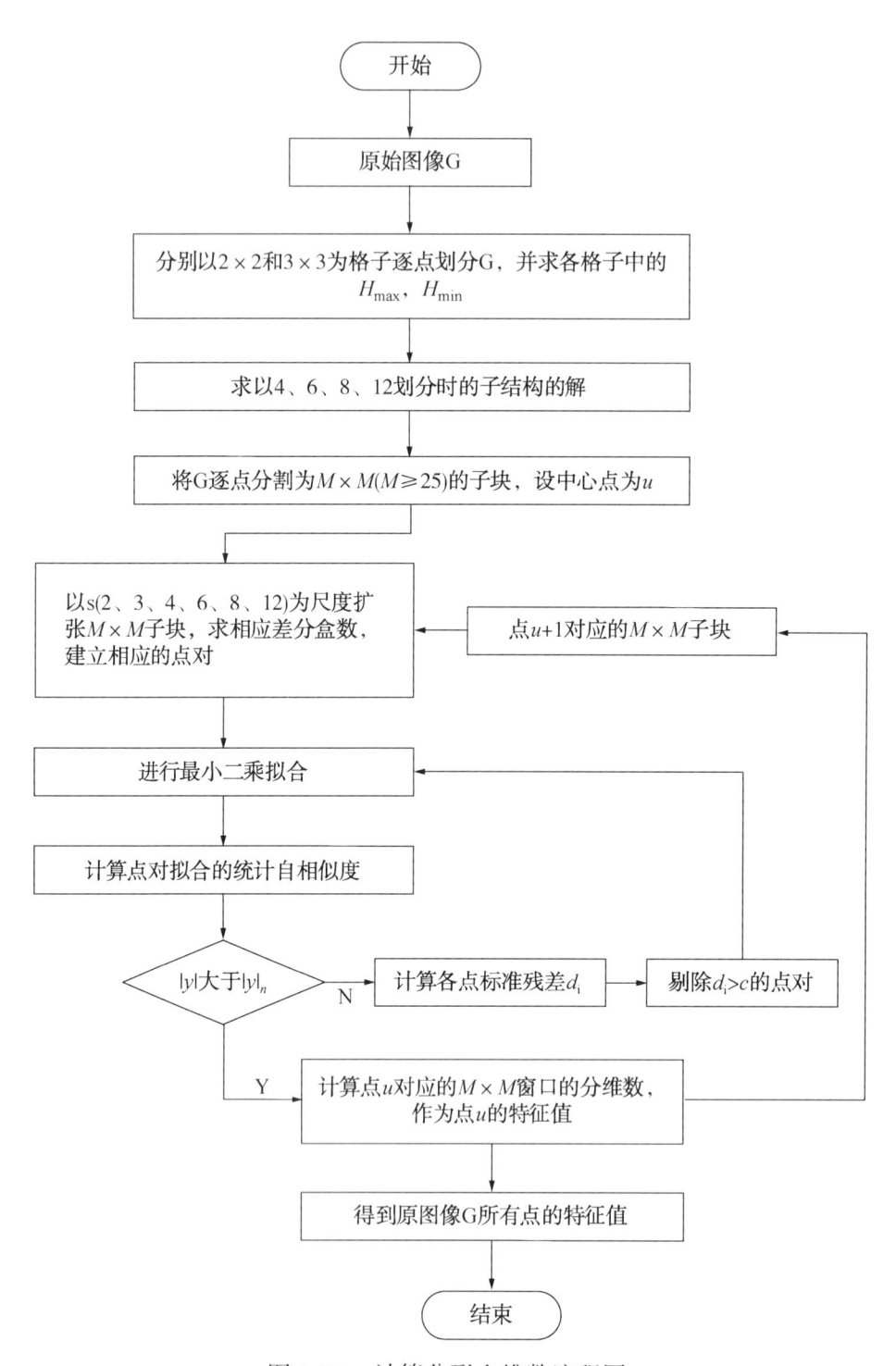

图 3.22 计算分形盒维数流程图

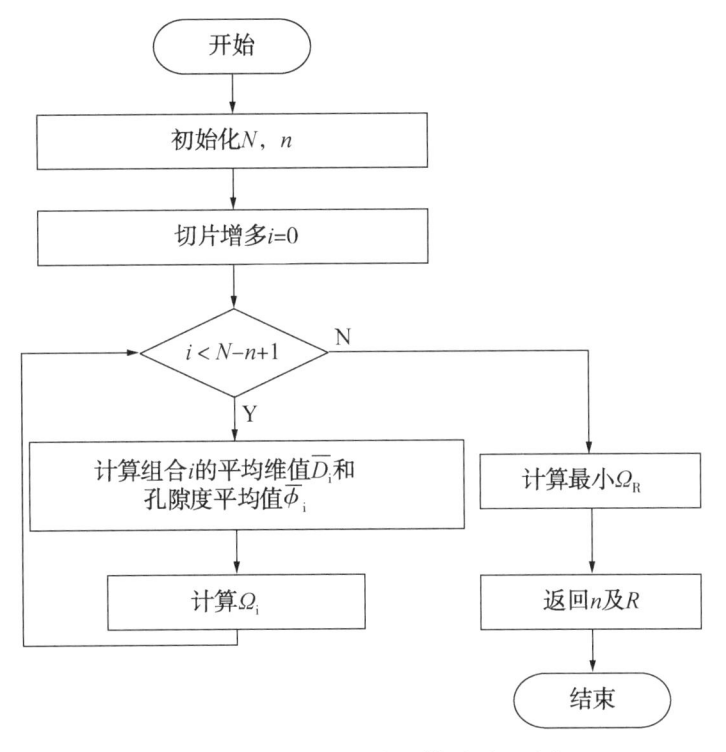

图 3.23　优选切片组算法流程图

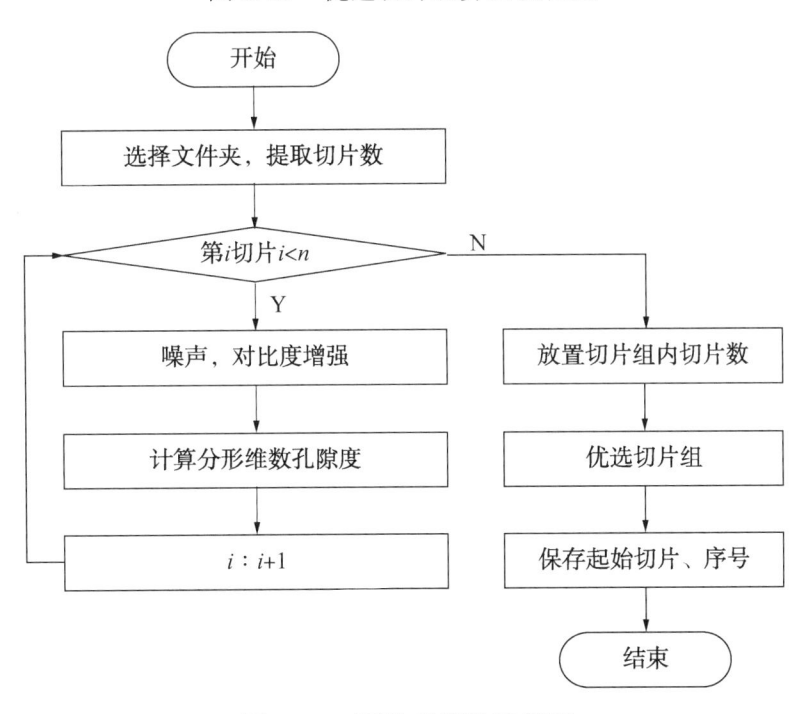

图 3.24　预处理模块流程图

③ 几何建模。根据分割的结果和指定的区域，分别建立外壳、孔隙和骨架、三角片、体素和球棒模型等几何模型。

④ 球棒模型生成。根据抽取的网络孔隙数据，采用最大球算法，用球表示孔隙，用棒表示喉道，生成球棒模型。

(1) 模块结构图。

该模块用来实现数字岩心 3D 重建与绘制。由 4 个子模块组成。模块结构图如图 3.25 所示。

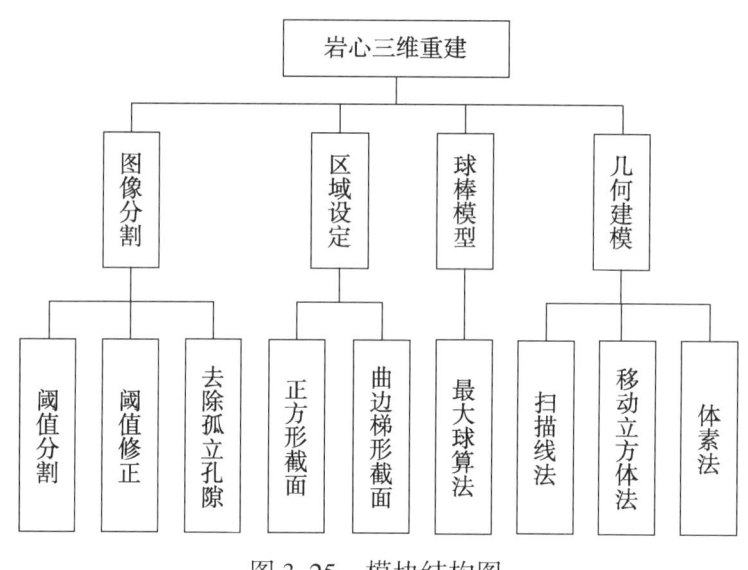

图 3.25 模块结构图

(2) 模块功能描述。

选择代表性的几张切片利用类间最大方差计算阈值并进行初始分割，再利用连通域分析进行序列切片 3D 分割并对阈值进行修正，然后根据阈值将像素分成骨架和孔隙两类，最后根据边界限定准则剔除孤立孔隙像素。通过设定切片及水平区域大小，利用扫描线法、体素和移动立方体等表示方法，分别生成孔隙和骨架模型。利用最大球算法生成孔隙网络球棒模型。

(3) 主要类及类间关系。

该模块所用到的主要类包括以下几类。

① 核心数据及算法类：切片类，dcSlice；切片组类，dcSlices；3D 模型类，dcTriangle、dcShell、dcPore、dcThroat、dcVoxel、dcPointCloud；文档类，CDigitalCoreDoc。

② 界面交互类：组内切片数设置对话框类，CRegionDlg；程序界面交互类，CMainFrame；视图类，CDigitalCoreView。

各类之间的关系如图 3.26 所示。

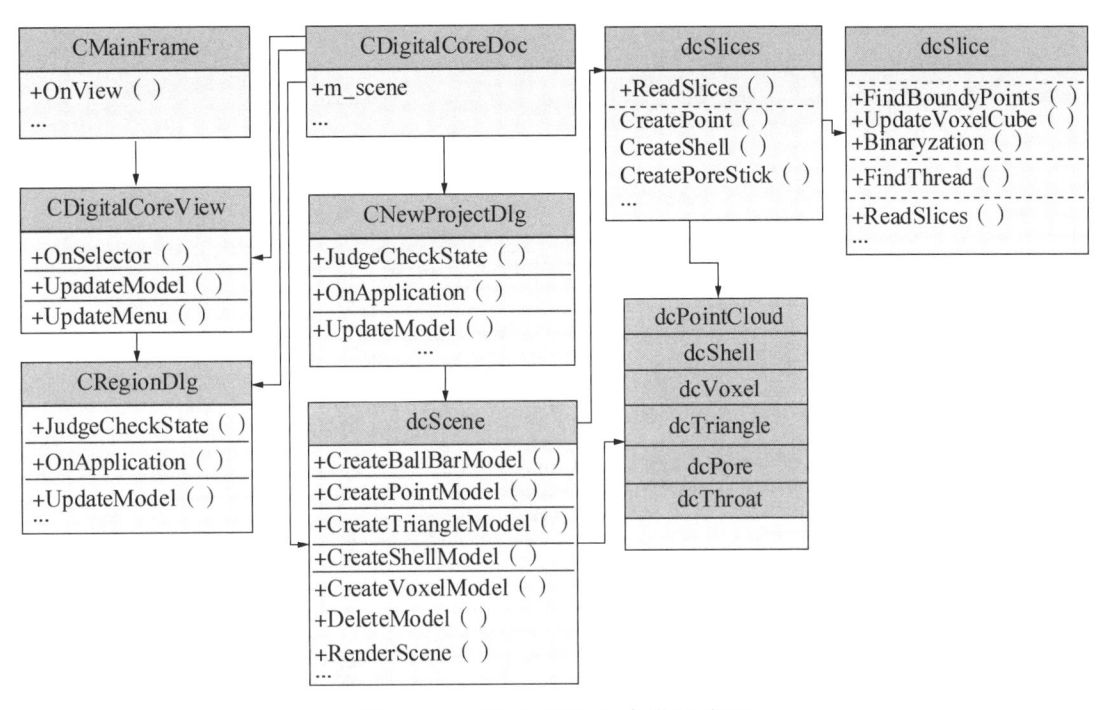

图 3.26　岩心三维重建模块类图

（4）算法流程图。

① 最大类间方差法计算阈值。算法流程图如图 3.27 所示。

② 数字岩心建模与绘制。算法流程图如图 3.28 所示。

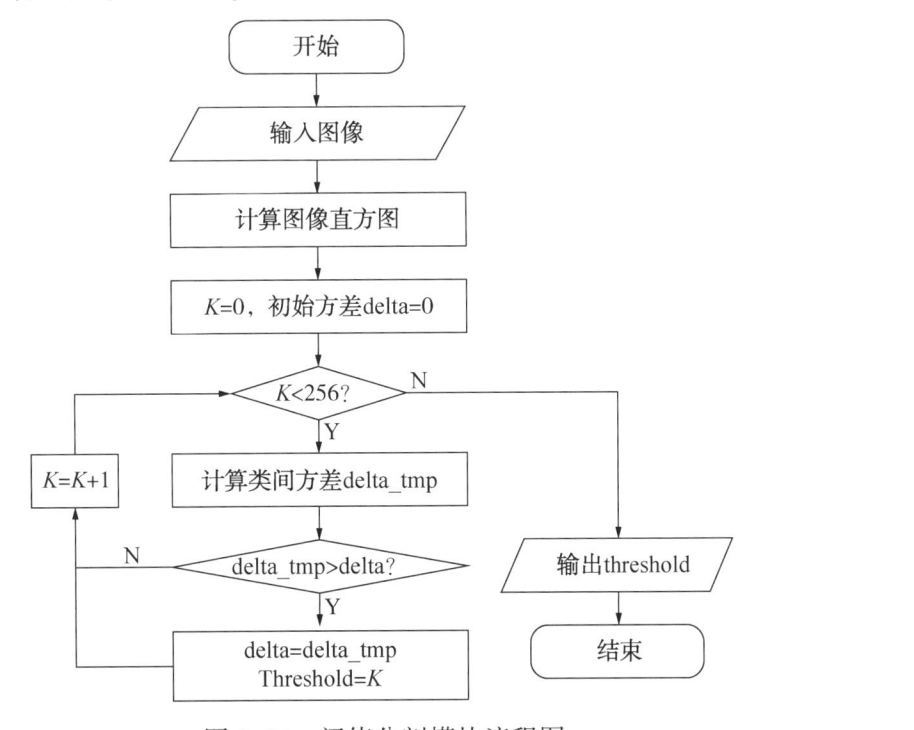

图 3.27　阈值分割模块流程图

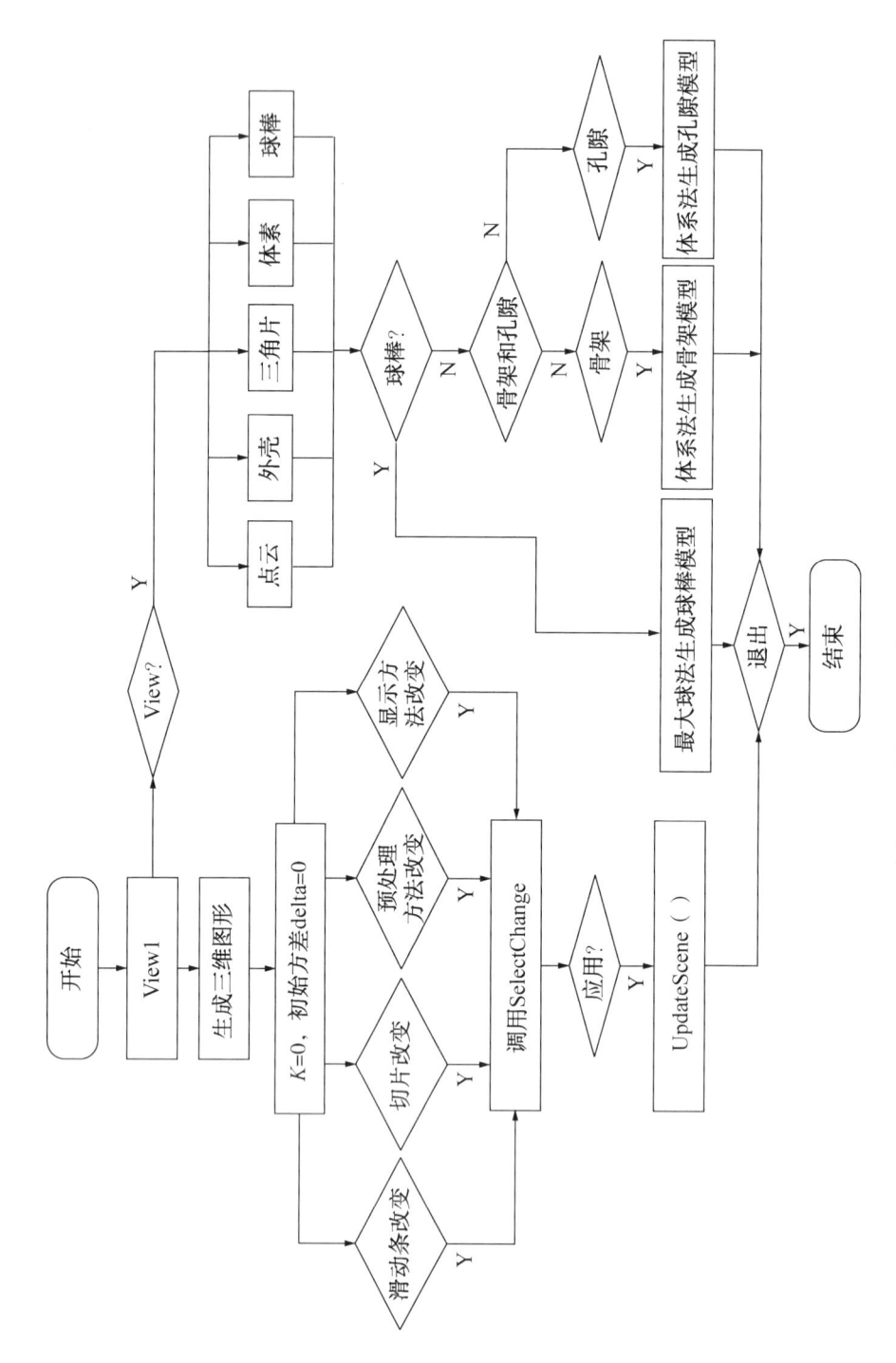

图3.28 数字岩心建模与绘制模块流程图

3 基于模板匹配的致密油储层多尺度数字岩心建模方法

3.3.2.4 多分辨率模型模块

通过提取高分辨率切片中具有一定分布规律的孔隙作为模板，实现 CT 高低分辨率及 SEM 电镜三种图像的叠加，建立岩心的不同精度的 3D 模型。

① 模板管理。模板是高分辨率图像里孔隙的局部结构，取之于高分辨率图像。相关的功能有建库、入库及删除。

② 模板匹配。根据选定模板库的分辨率，扩展低分辨率图像和模板一致。等间隔旋转原始图像，进行搜索匹配。支持交互和批量匹配。

③ 多分辨率扩展。扩展低分辨率数字岩心 3D 模型与高分辨率 CT 一致，修改匹配到的模板覆盖区域像素。同理应用到 SEM 电镜。

④ 多尺度模型生成。根据动态分辨率扩展结果，动态更新 3D 模型及 OpenGL 模型节点，通过 OpenGL 事件驱动数据更新。

（1）模块结构图如图 3.29 所示。

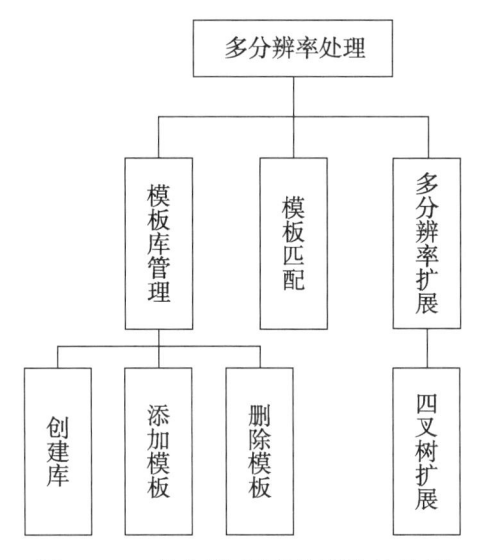

图 3.29 多分辨率模型模块结构图

（2）模块功能描述。

通过收集高分辨率切片图像中有特性的孔隙结构保存到模板库里，应用模板匹配技术搜索与模板孔隙结构相似的区域，接着利用叠加法更新相似区域的孔隙结构，最后实现 3D 模型修改。

（3）主要类及类间关系。

该模块所用到的主要类包括以下几类。

① 核心数据及算法类：切片类，dcSlice；切片组类，dcSlices；孔隙模板类，dcTemplate；模板类库，dcTemplateLib；文档类，CDigitalCoreDoc。

② 界面交互类：组内切片数设置对话框类，CTemplateDlg；程序界面交互类，CMainFrame；视图类，CTemplatePoreView。

各类之间的关系如图 3.30 所示。

```
CMainFrame
+OnView ()

CDefineTempPan
+OnDefineTemplat ()
+InsertLib ()
+OnDeleteTemplat ()

CMatchTempPane
+SelectImg ()
+SelectTemplat ()
+Match ()
+BatMatch ()

CDigitalCoreDoc
+m_slices
+m_tempLib

CExtendDlg
+Extend ()
+BatExtend ()

dcSlice
+CreateVoxelCube ()
+UpdateVoxelCube ()
+CreateBottomFace ()
+CreateTopFace ()
+UpdateBottomFace ()
+UpdateTopFace ()

dcSlices
+CreateSideFace ()
+FindBoundyPoints ()
+UpdateSideFace ()
+CreateModel ()
+UpdateModel ()
```

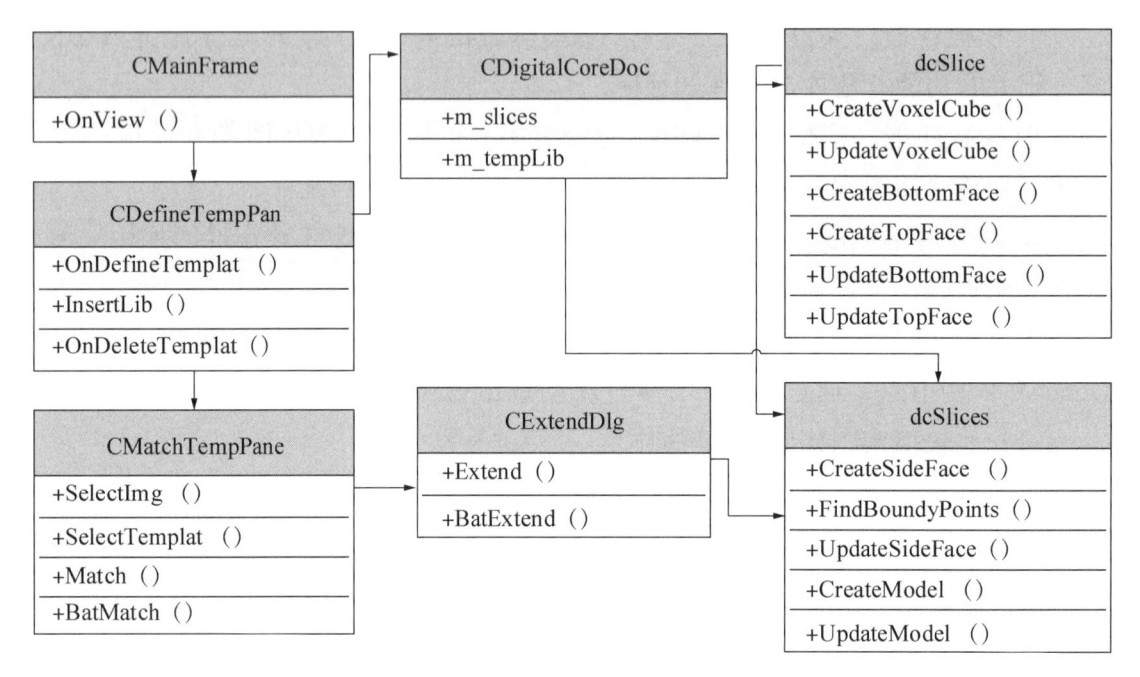

图 3.30 多分辨率处理类图

（4）算法流程图。

算法输入数据为低分辨率切片图像数据，根据模板精度进行扩展，扩展后用模板进行匹配，保存匹配结果，对四叉树和模型进行扩展。算法流程图如图 3.31 所示。

3.3.2.5 显示模块

根据生成的模型数据，以 OpenGL 图形图像库为基础生成 OpenGL 图形节点，由 OpenGL shader 管线渲染 3D 场景，设置光源，视点以实现交互控制。

① 切片图像。显示对切片图像的各种处理、调节结果。

② 岩石点云。显示 3D 岩心点云模型。

③ 岩石体素。显示 3D 体素模型。

④ 岩石三角网。将岩石孔隙或骨架以三角网形式模拟显示。

⑤ 球棒。将孔隙网络模型以球棒模型显示。

（1）模块结构图如图 3.32 所示。

（2）模块功能描述。

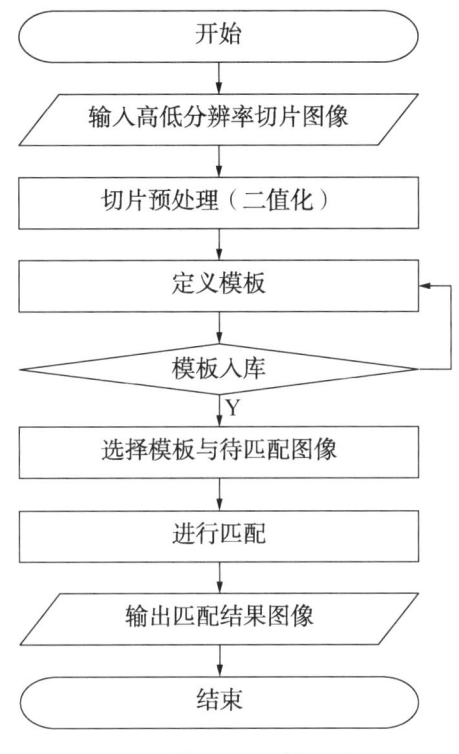

3 基于模板匹配的致密油储层多尺度数字岩心建模方法

图 3.31 模板匹配算法流程图

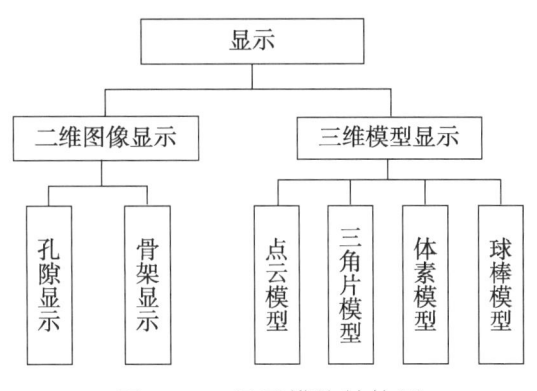

图 3.32 显示模块结构图

根据3D岩心重建生成的坐标点数据和颜色信息，利用OpenGL图像库和shader管线渲染，进行2D图像和3D模型的显示。

（3）主要类及类间关系。

该模块所用到的主要类包括以下几类。

① 核心数据及算法类：场景类，dcScene；切片类，dcSlice；切片组类，dcSlices；点云类，dcPointCloud；体素类，dcVoxel；球棒类，dcPoreStick；三角片类，dcTriangle。

② 界面交互类：程序界面交互类，CMainFrame；视图类，CDigitalCore-

View，文档类；CDigitalCoreDoc 类。

各类之间的关系如图 3.33 所示。

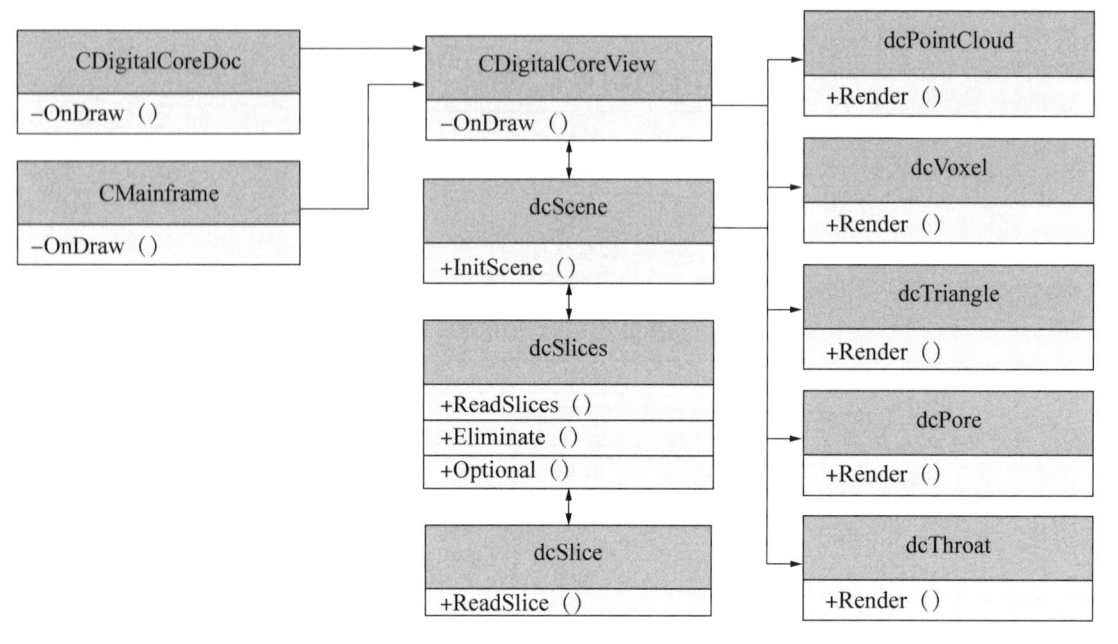

图 3.33　显示模块类图

（4）算法流程图。

根据用户当前处理的内容，显示分为 2D 图像显示和 3D 模型显示，流程图如图 3.34 所示。

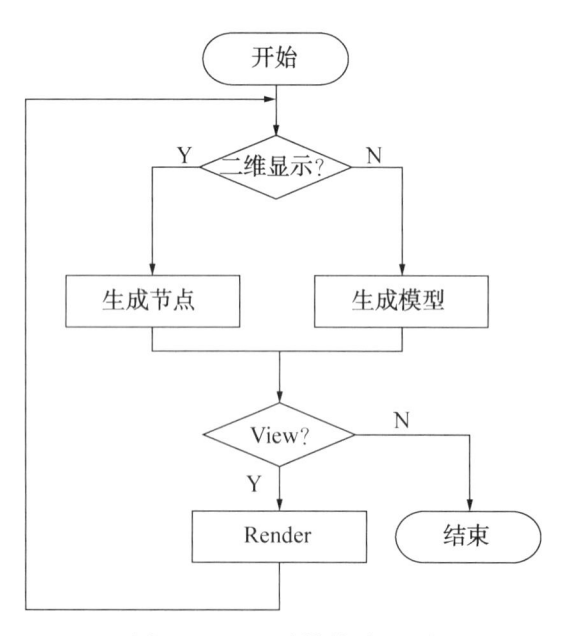

图 3.34　显示模块流程图

3.3.3 数字岩心系统实现

3.3.3.1 开发环境

64 位 Windows 10 操作系统，Visual Studio 2013 开发环境，VC++高级语言，OpenGL 3.0 图形和 OpenCV 3.0 图像处理函数库。VS2013MFC 生成 64 位可执行程序。

3.3.3.2 软件运行界面

系统采用单文档多视图模式运行，同时只能打开一个项目文件。一个项目文件打开后，相关数据存放在文档类，不同的图件通过视图类实现绘制、相关处理及数据导出。程序在执行过程中，打开文件前后、激活不同视图均会影响系统运行界面的变换，如菜单、工具栏等。

3.3.3.3 启动界面

系统启动后打开文件前的界面，如图 3.35 所示，此时除新建项目和打开项目相关的菜单及工具条上按钮可用外，其他均不可用。

图 3.35 系统启动后界面

3.3.3.4 实例测试

应用本书介绍方法所实现的系统，对 SR-CT 切片进行处理，结果如下。

（1）预处理功能。

① 新建项目。

指定数据文件夹，如图 3.36 所示。

② 优选切片组。

执行优选切片组功能后弹出如图 3.37 所示对话框。设置好组切片数后，执行计算，结束后显示切片序号，如图 3.38 所示。点击保存按钮后，当前设定的切片数及起始切片号被保存。

（2）骨架与孔隙。

① 孔隙度及分辨率设置。

执行骨架孔隙功能后，弹出设置切片孔隙度和分辨率对话框，设置当前切片的孔隙度及分辨率，点击确定按钮保存，如图 3.39 所示。

图 3.36　新建工程项目

图 3.37　设定后计算中

图 3.38　计算结束

图 3.39　设置孔隙度和分辨率

3 基于模板匹配的致密油储层多尺度数字岩心建模方法

② 最大类间方差计算阈值及修正。

打开文件后,首先点击自动计算按钮,使用最大类间方差法对切片进行阈值分割,自动计算完成后,可根据计算的阈值进行微调。第一次打开切片文件时,用最大类间方差计算阈值,并通过孔隙度进行修正。之后可以通过人机交互进行修改阈值,并将切片统计信息展示在右侧,结果如图3.40所示。

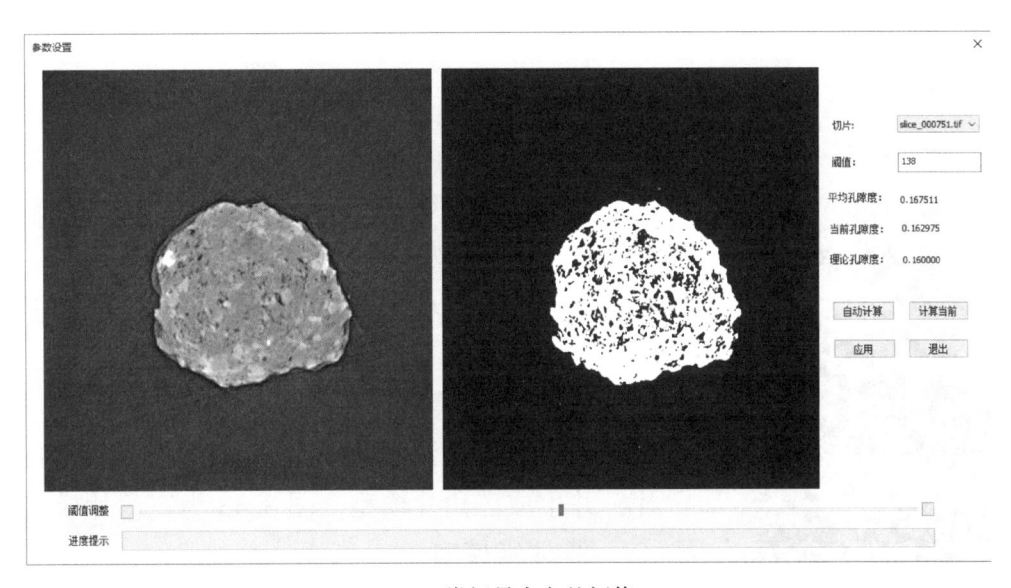

(a) 类间最大方差阈值

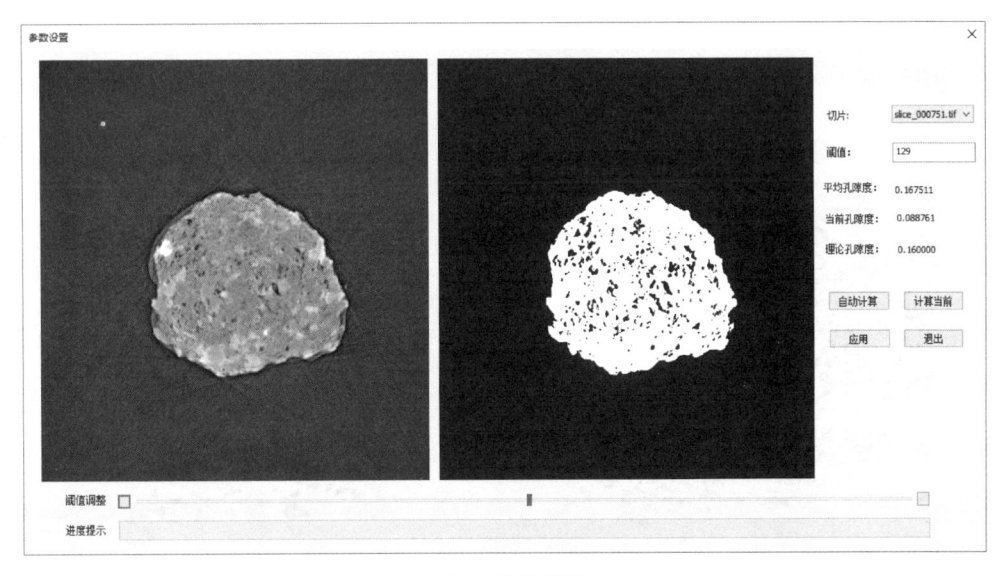

(b) 手动微调

图 3.40 阈值查找及修正

③ 二值化。

得到最终阈值后,对切片进行阈值分割处理,根据设定的最终阈值,对切片进行二值化,如图 3.41 所示。

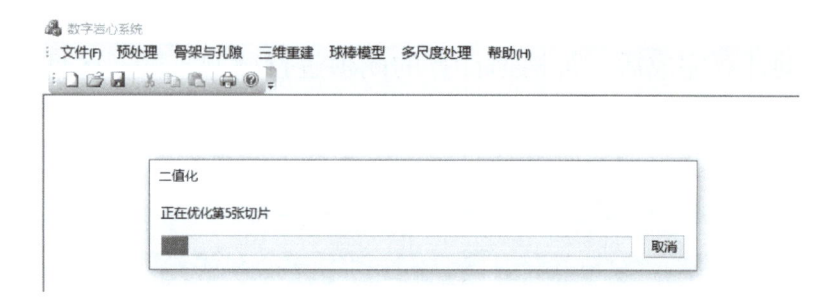

图 3.41 切片二值化

(3) 三维重建。

① 点云模型。

根据用户选取的孔隙或骨架选项,生成相应的点云模型,图 3.42 为 3D 孔隙点云模型。

② 三角片模型。

通过 MC 算法抽取孔隙骨架分界面上的三角片,并生成三角片模型。图 3.43 为三角片模型。

③ 体素模型。

以孔隙点为中心点,向八个方向扩展为一个体素,生成体素模型,如图 3.44 所示为孔隙体素模型。

图 3.42 三维点云模型

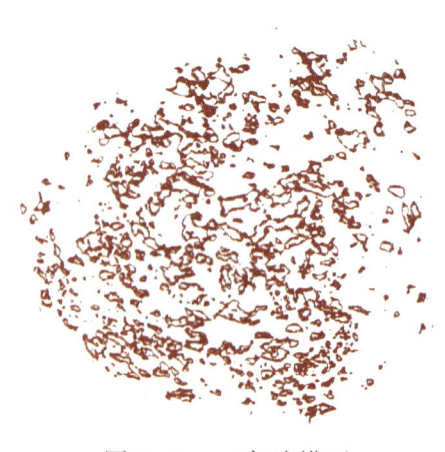

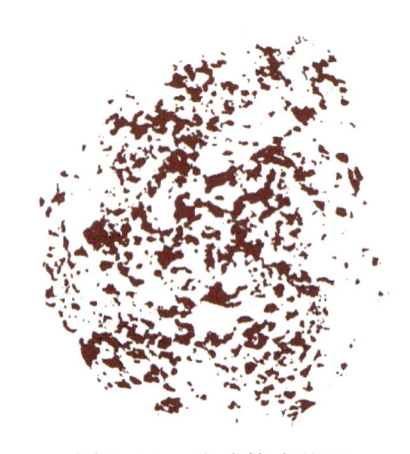

图 3.43 三角片模型　　　　图 3.44 孔隙体素模型

④ 外壳模型。

根据用户设置的参数,生成不同的外壳模型,如图 3.45 所示为整体模型和切块模型。

3 基于模板匹配的致密油储层多尺度数字岩心建模方法

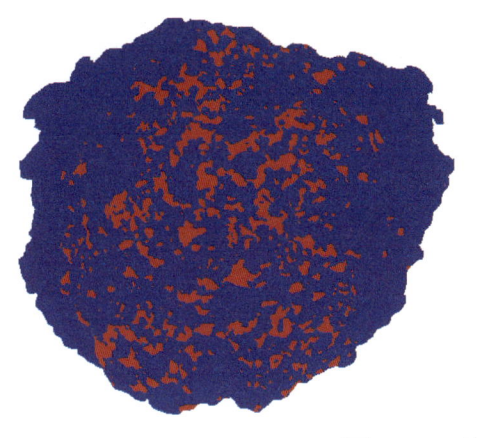

图 3.45　外壳模型

⑤ 球棒模型。

根据最大球算法抽取得到的孔隙网络数据，生成孔隙网络模型，并统计球棒模型中的球、棒个数，以及球棒模型孔隙度，如图 3.46 所示。

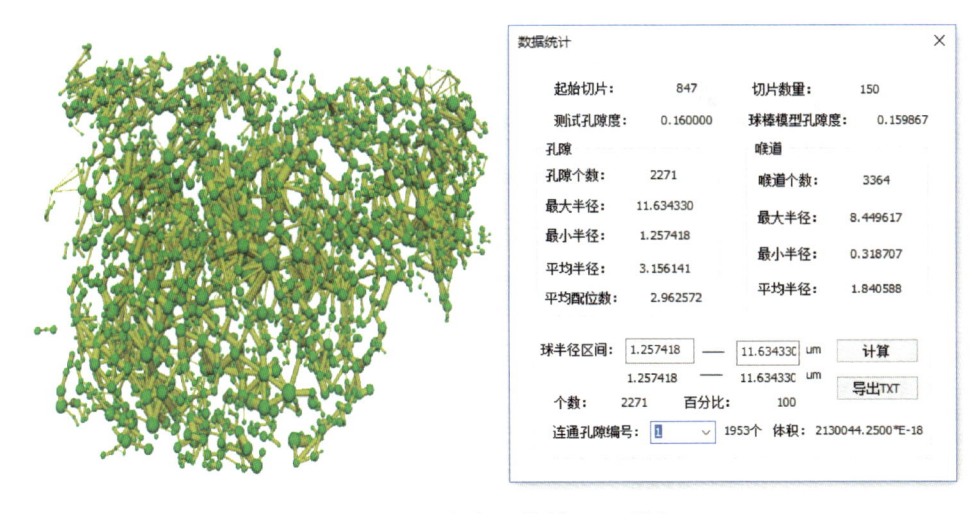

图 3.46　孔隙网络模型和数据

（4）多分辨率处理。

① 模板定义。

在高分辨率切片图像（如 SEM 切片图像）中提取具有一定结构特性的孔结构作为模板，如图 3.47 所示，图 3.47（a）为图 3.47（b）图像的二值化图像。

② 多尺度处理。

切片孔隙像素叠加如图 3.48 所示。

③ 导出模型数据。

选择"文件"，点击导出按钮，选择不同的模型数据进行导出，如图 3.49 所示。

(a) (b)

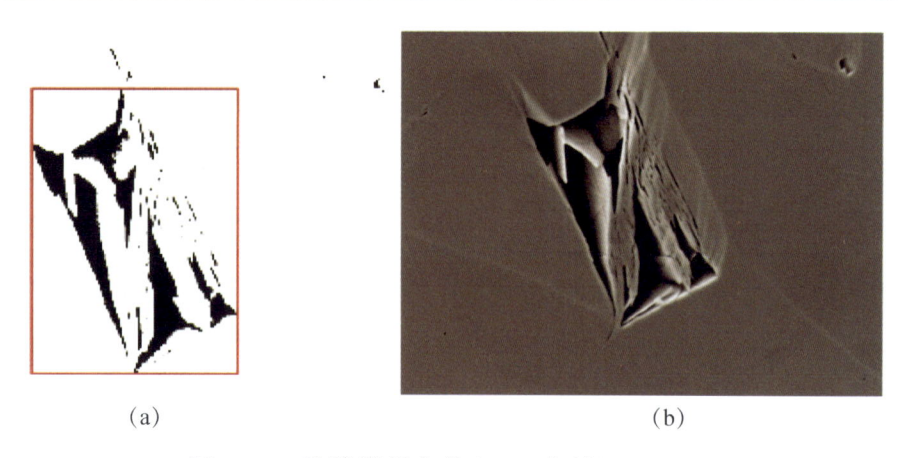

图 3.47 孔隙模板定义(SEM 电镜)

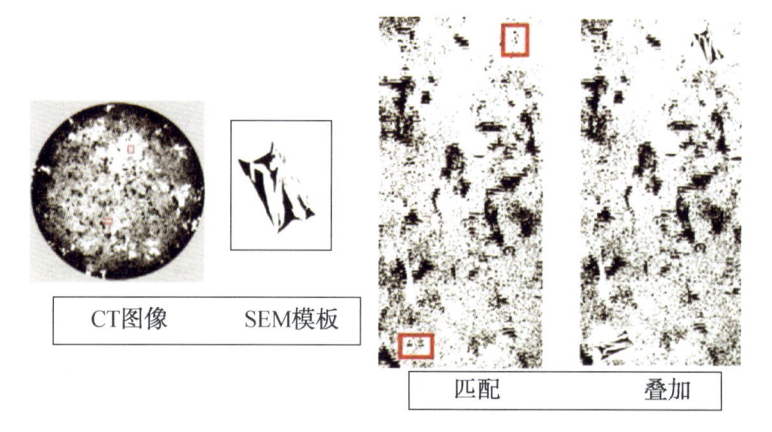

CT图像　　SEM模板　　　匹配　　　叠加

图 3.48 多尺度扩展

图 3.49 导出模型数据

3.4 本章小结

由于致密砂岩低孔隙低渗透、结构复杂的特点，常规岩石物理实验遇到了困难，而基于数字岩心的数值模拟为致密砂岩物理性质的研究提供了一条新的途径。基于致密砂岩的 CT 和 SEM 电镜切片数字图像，研究人员开展了 3D 数字岩心重建及多尺度 3D 建模研究，取得了以下成果。

（1）提出了耦合多尺度岩石物理成像信息的数字岩心模板匹配法，构建了符合致密油储层多尺度孔喉特征的 3D 数字岩心。该方法克服了现有物理法、数值法和混合法的不足，构建的数字岩心模型与真实岩心更加接近。

（2）采用四叉树结构组织 CT 切片信息，生成多分辨率的体素 3D 模型，解决了传统单一尺寸模型数据冗余问题，同时运用模板匹配技术，将高精度模板数据扩展到四叉树，实现了多尺度数字岩心 3D 模型。根据动态分辨率扩展结果，动态更新 3D 模型及 OpenGL 模型节点，采用 Shader 渲染管线，从而实现动态模拟显示。

4 致密油储层微观孔隙结构精细描述方法

4.1 致密油储层岩心基本物性参数

本章介绍了针对同一块致密油储层岩心进行不同操作平台扫描和不同分辨率成像的结果。在成像操作前,首先测取了该块岩心的基础物性参数,例如孔隙度、渗透率等,见表4.1。可以看出,致密油储层岩心孔隙度和渗透率都很低,该特征与常规低渗透储层特征之间存在显著差异。

表4.1 致密油储层岩心基本物性参数

孔隙度（%）	气测渗透率（mD）	最大喉道半径（μm）	主流喉道半径（μm）	平均喉道半径（μm）	方差
10.42	0.107	0.60	0.40	0.42	0.08
相对分选系数	均质系数	主流喉道个数	喉道个数	主流喉道个数百分比(%)	
0.20	0.68	4070	5386	75.6	

4.2 致密油储层岩心多尺度测试方法和流程

4.2.1 致密油孔隙结构表征

当前,微纳米CT、扫描电镜(SEM)和聚焦离子束扫描电镜(FIB-SEM)等都是实验室常用的岩石成像设备。其中,微米CT、纳米CT和FIB-SEM同属于3D成像设备,SEM是2D成像设备[164-167]。微纳米CT成像的特点是非侵入、非破坏,即能够在无损的情况下直观地表征岩石内部的细微结构。微纳米CT

与医用CT的成像原理基本类似,都是通过X射线穿过岩石中不同密度组分(孔隙和矿物)的衰减系数不同,利用X射线衰减系数的2D分布代表岩石中各组分密度的差异,从而显示其内部结构。物质密度越大,则吸收的X射线越多,X射线衰减系数越大,在投影图像上显示为越亮的区域,相反,密度越小则在投影图像上显示为越暗的区域[168]。微米CT和纳米CT的差别主要体现在样品尺寸和成像分辨率两个方面。由于X-CT成像存在样品尺寸和扫描分辨率呈反比的关系,所以,微米CT成像的分辨率通常能达到微米级,扫描样品一般为几毫米,而纳米CT的成像分辨率可达纳米级,对应的样品尺寸为几十微米。因为有多分辨率成像和3D成像等优点,微纳米CT技术常用来分析致密油储层孔隙微观结构特征。扫描图像上可直接识别出2D微米、纳米孔道,而且通过进一步的图像处理,重构孔隙空间的3D数字模型及其等效孔隙网络模型,直观且定量分析岩心在微米级和纳米级的孔隙结构特征。

通过扫描电镜(SEM)成像能够观测到岩石不同尺度的2D孔隙形貌和孔喉大小,例如:使用场发射扫描电镜(Field Emission SEM)能够得到孔隙直径大于1nm的微观孔喉的2D平面图像。FIB-SEM属于破坏性的成像技术,最高分辨率能达到几纳米。其成像基本过程如下:先对岩样表面进行成像,然后使用离子束铣削掉一定厚度的样品,再在新的岩石表面上成像,如此往复,得到一系列高分辨率的2D图像,最后基于这些高分辨率的2D图像,重构出岩石微观结构。然而,由于FIB-SEM技术成像区域较小,且实验成本高、周期长以及样品有损等特点,使其难以在普遍发育多尺度基质孔喉系统和非均质性较强的致密油储层中得到广泛应用[169,170]。总结以上三种较为先进的定量和定性表征技术的优缺点绘制表4.2。

表4.2 致密油孔喉结构表征技术优缺点对比

名称	优点	缺点
SEM	制作简单,分辨率高(1nm),放大倍数大,直观反映微纳米孔喉特征	二维图像,定量信息有限,含油或水样品不能测试
FIB-SEM	分辨率高(可达1.1nm),放大倍数大,连续切割可获取三维结构信息	样品制备复杂
微—纳米CT	分辨率高,可获取50~600nm的孔喉结构,可提供孔喉结构定量参数	样品小,损坏岩样,价格昂贵,50nm以下无法识别

致密油储层复杂的孔隙结构决定了对其表征难度的加大,总的来看,目前

在对致密油储层孔喉结构准确表征方面，大部分研究采用了上述成像技术手段，也有部分研究是基于多种定性和定量技术相结合开展的。鉴于常规孔隙测试技术的局限性，本章介绍了综合利用微米 CT、纳米 CT 和扫描电镜的岩石成像分析技术，在三个尺度（毫米级、微米级和纳米级）上对同一致密油储层岩样的孔隙结构特征进行表征，揭示了致密油储层的微观孔隙结构特征。

4.2.2 致密油孔喉结构测试流程

首先，对待分析岩心进行钻切磨平等前期准备工作，测试岩心孔隙、渗透率等基础物性参数（表4.1）；然后，选择均质性较好区域钻取小岩心柱塞，利用微米 CT 进行扫描测试，重构 3D 数字岩心和孔隙网络模型，分析微米级别下岩心的孔隙结构特征；对于微米孔道不明显的岩心，在上述岩心柱塞基础上继续钻取直径更小的柱塞，利用纳米 CT 进行扫描测试，并采用同样的方法分析纳米级别下岩心的孔隙结构特征；最后利用扫描电镜对选定区域表面进行精细扫描，得到各尺度的 2D 图像，分析各尺度下孔道的类型、尺寸、分布和成因等。具体测试方法说明见表4.3。

表 4.3 致密油储层岩心测试方法说明

测试方法	扫描样品尺寸	图像分辨率	获取信息
微米 CT	1000×1024×1015 体素	7.6μm	基质部分微米级孔喉数量及连通性
纳米 CT	968×995×971 体素	0.6μm	基质部分纳米级孔喉数量及连通性
SEM	—	3nm（最高）	不同类型孔隙结构的尺寸、分布等

4.2.3 多平台多尺度成像

图4.1 为致密油储层岩心样品在微米 CT、纳米 CT 和 SEM 三个平台上获取的不同尺度下的代表性 2D 切片。其中微米 CT 和纳米 CT 结果中分别包含了1014 张和 970 张 2D 灰度图像。该灰度图像组在后续处理中将用于构建微米、纳米 3D 数字岩心模型和孔隙网络模型。SEM 电镜扫描结果共包含了 40 张不同尺度的扫描图像。由于 SEM 仅限于 2D 成像，无法观察岩心 3D 结构特征，在后续分析中仅用于表征不同尺度下不同类型孔隙结构的尺寸和分布等。

在高、低分辨率 CT 图像上[图4.1(a)、图4.1(b)]，高灰度值（亮色）区域一般反映高密度区，通常对应岩心的骨架部分，与之对应，低灰度值（暗色）区域反映低密度区，一定程度上对应岩心的孔隙部分。由于致密油孔道极其微小，在低分辨率CT图像[图4.1(a)]上仅可识别出大孔隙形态及其分布，结合高分辨率纳米CT图像[图4.1(b)]，可以看出在大孔隙内还存在着结构相对粗糙和复杂的丝状或片状固体成分，这些物质成分在低分辨率微米CT图像处理中全部处理成孔隙结构，因此会造成一定的误差。同时在高分辨率纳米CT图像[图4.1(b)]上，可以明显看出大孔隙周围岩石颗粒间存在狭长的微裂缝结构。结合微米、纳米CT图像定性分析得出致密油储层孔隙尺寸变化范围较大，而且存在纳米级孔喉发育。图4.1(c)和图4.1(d)为分辨率分别为601.6nm和1.175nm扫描的SEM图像，可清晰观察出亚微米尺度下孔隙发育情况。图4.1(d)可以得到，在几纳米尺度下依然有少量孔隙存在，进一步表明，致密油孔隙空间分布尺度范围较大。

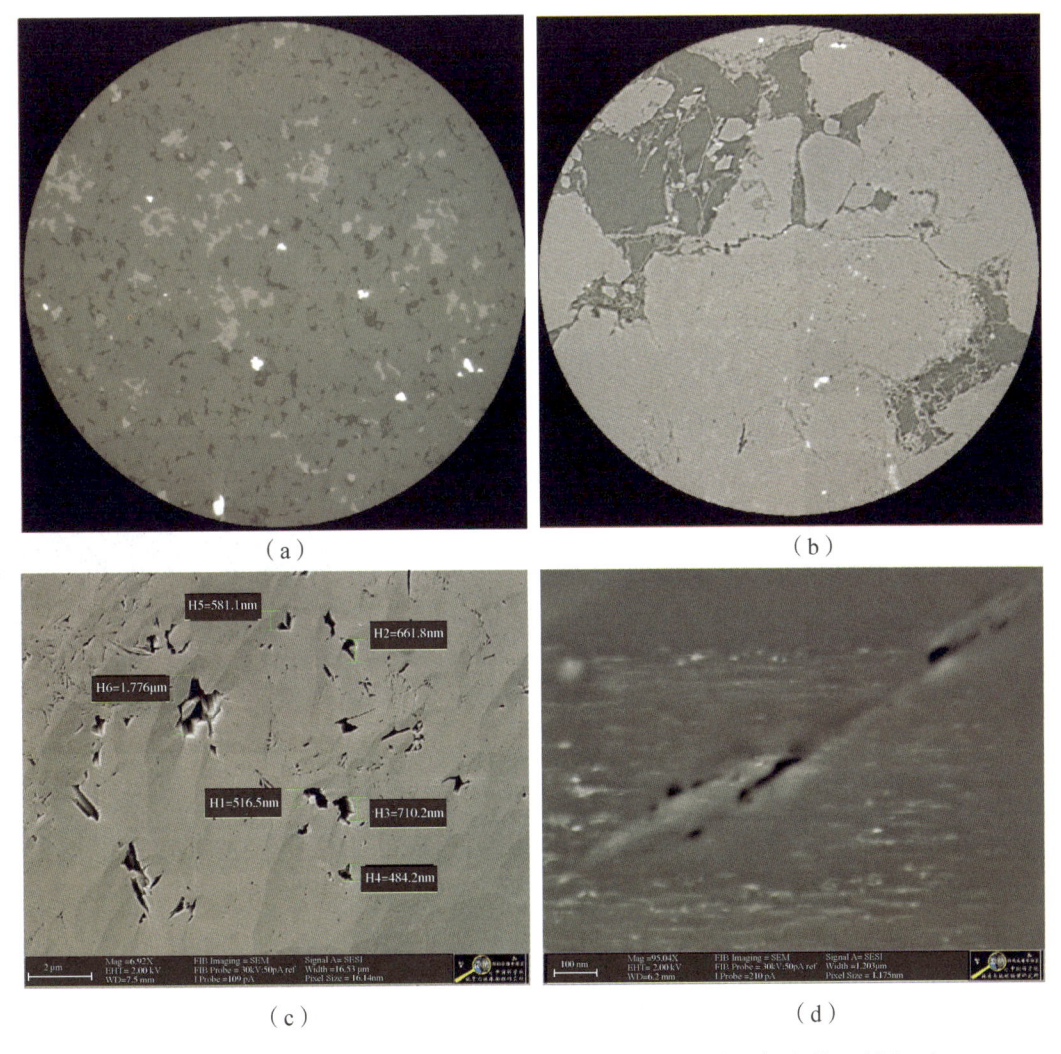

图4.1 致密油储层岩心样品在不同分辨率和不同平台成像二维切片

4.3 致密油储层数字岩心三维结构分析

4.3.1 致密油储层微纳米尺度数字岩心

4.3.1.1 CT灰度图像处理流程

由X-CT原理可知被测样品内部不同密度物质差异以不同灰度值形式记录在一组数字图像数据中,通过图像滤波、阈值分割等一系列图像处理便可重构出致密油岩石的三维数字岩心[136],其涉及的主要处理方法如图4.2所示。

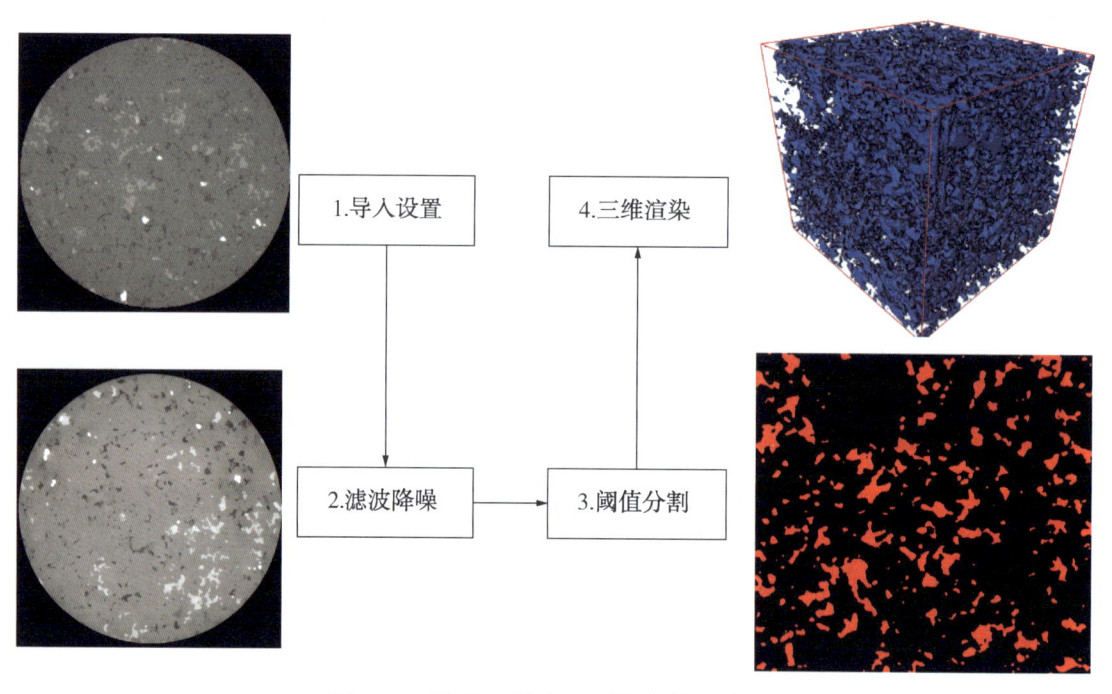

图4.2 微米、纳米CT图像处理流程

此外,还要对灰度图像进行分割,这里依然采用阈值分割算法,图4.3描述了阈值分割算法的基本原理。

通过图像预处理和阈值分割,得到了二值化图像,全视域下两种分辨率扫描结果数字岩心的孔隙和颗粒3D数字模型如图4.4所示,其中灰色为岩石,彩色为孔隙。可以看出,重构出的3D数字岩心模型基本能够准确地反映岩石孔隙结构特征。

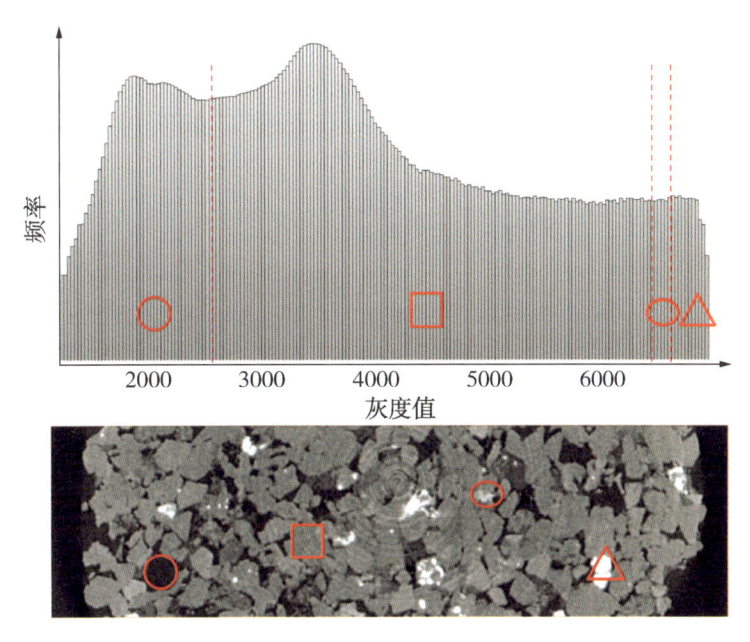

4 致密油储层微观孔隙结构精细描述方法

图 4.3 阈值分割算法的基本原理

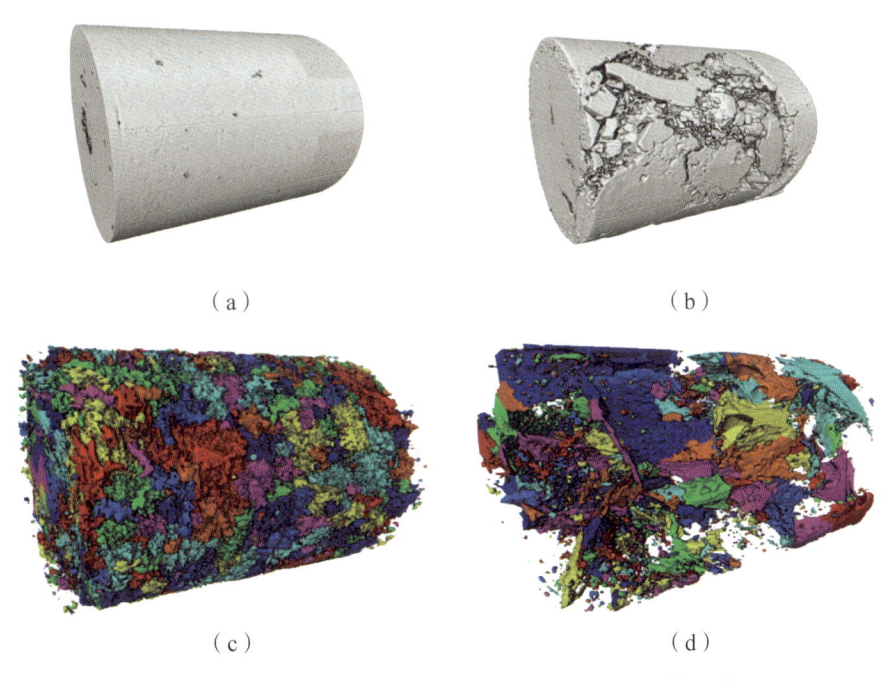

(a) (b)

(c) (d)

图 4.4 全视域下两种分辨率 CT 结果的三维数字模型
[图 4.4(a) 和图 4.4(c) 为 7.6μm，图 4.4(b) 和图 4.4(d) 为 0.6μm；
灰色—岩石骨架，彩色—孔隙空间]

为了避免扫描环境(主要指岩心样品周围空气)和切割边缘对扫描结果分析产生影响，在微米 CT 原始数据集中提取出大小为 512×512×512 体素立方体体

— 117 —

积进行分析，提取的立方体数字岩心模型如图 4.5 所示。由于纳米 CT 较小的扫描的视域，仅部分大孔隙结构包含其中，为了最大程度利用该分辨率下的扫描结果，直接利用去除扫描背景和切割边缘体素后的圆柱形数据集进行分析，如图 4.4(b) 和图 4.4(d) 所示。

图 4.5　基于微米 CT(7.6μm) 提取的 512^3 体素子体积数字岩心模型
（灰色—岩石骨架，蓝色—孔隙空间）

对比全视域下两种分辨率的 3D 数字岩心模型可以看出，低分辨率数字岩心模型能够识别出尺寸相对较大范围内数量相对较多的大孔隙群体，一定程度上显示出大孔隙全体的形态特征和空间分布，在高分辨率纳米数字模型中，大孔隙结构周围更加精细的小孔隙群体被识别出，而这些结构即是低分辨率微米 CT 中无法识别的尺寸小于扫描分辨率的微观结构。但高分辨率纳米 CT 结果对应的样品实际尺寸较小，重构出的 3D 数字模型难以用于分析研究样品的宏观物理属性，因此仅用于定性分析致密油储层纳米尺度的孔喉结构特征。基于重构出的两种分辨率下的 3D 数字模型分别在微米和纳米尺度上分析致密油储层微观孔喉分布和形态特征。

4.3.1.2　微米级三维孔喉结构特征

微米尺度扫描可获取致密油储层较大孔径孔隙的空间分布特征。从图 4.4(a) 和图 4.4(c) 可以看出，低分辨率微米 CT 结果中包含了数量较多的微观孔隙微团，它们的尺寸大小不一，空间分布极其复杂。下面将从孔喉形态、孔喉分布和孔喉连通性三方面定性描述微米级 3D 孔喉结构特征，见表 4.4。而 3D 孔喉结构特征定量描述见 4.4 节。

4 致密油储层微观孔隙结构精细描述方法

表 4.4 微米级三维孔喉结构特征定性描述

三维孔喉结构特征	定性描述
形态特征	整体呈扁平片状发育；小尺寸孔隙在三维空间内呈孤立状分布；相对较大孔隙在三维空间内呈扁平状
空间分布	微孔喉各向分布不均，局部呈明显层状；大孔喉富集区域表现为扁平状，周围围绕数量较多的孤立孔隙
孔喉连通性	小尺寸孔喉不连通，呈孤立状；扁片状大孔隙构成主要连通通道

4.3.1.3 纳米级三维孔喉结构特征

从图 4.4(b)和图 4.4(d)可以看出，高分辨率纳米 CT 结果中包含了数量较少的大尺寸孔隙微团，数量极多的小尺寸孔隙。相对微米 CT 结果，纳米 CT 结果孔隙结构复杂度显著降低，可简单描述为扁平状大孔隙群体及其周围分布孤立的球状小孔隙构成。与微米三维孔喉特征分析思路相似，在孔喉形态、孔喉分布和孔喉连通性三方面定性描述纳米级 3D 孔喉结构特征，见表 4.5。

表 4.5 纳米级三维孔喉结构特征定性描述

三维孔喉结构特征	定性描述
形态特征	大孔隙整体呈扁平片状发育；小尺寸孔隙数量众多，在三维空间内呈孤立状分布
空间分布	各向分布极不均匀，总体反映数量小的大孔隙形态特征；大孔隙周围散乱分布着数量较多的孤立孔隙
孔喉连通性	小尺寸孔喉不连通，呈孤立状；扁片状大孔隙构成主要连通通道

4.3.1.4 小结

利用微纳米 CT 对岩样进行多分辨率 3D 成像和重建，在两种尺度下研究致密油储层多尺度孔喉结构特征，能够定性分析岩石微孔形状、大小、空间分布、连通性等结构特征。两种尺度下分析结果均表明该块致密油储层岩心孔喉结构特征主要由数量少的扁平状大孔隙构成主要连通通道，但其分布极其不均匀，周围杂乱分布着小尺寸孤立孔隙。在后文分析中将定量分析该块致密油储层岩心的非均质程度和微观孔喉结构特征。

4.3.2 致密油储层数字岩心非均质程度分析

4.3.2.1 表征单元体分析

基于数字岩心的典型单元体分析(REV)对于理解致密油储层非均质孔隙结构特性有着非常重要的意义。表征单元体蕴含着"微观与宏观""离散与连续""随机性与确定性"的对立统一的关系。因此,为了同时兼顾致密油储层岩心孔隙结构特征精确表征和后续开展的基于数字岩心模型的毛细渗吸数值计算,需对低分辨率数字岩心的表征单元体进行分析,以认识并掌握该块致密油储层岩心孔隙结构特征的空间特性变化规律[172-176]。

表征单元体是在多孔介质内随机提取的一定体积大小的子体积,判断通过其测取的宏观参数是否与原样品等价,确定出的能够代表该块样品的最小子体积大小。因此,表征单元体的合理确定至关重要。目前,主要方法是以提取子体积的孔隙度与原样品孔隙度的接近程度来评判子体积能否表征原样品。

本书介绍的方法也采用了前人使用较为普遍的方法,但通过两种方式确定该致密油储层的表征单元体体积,方法一通过随机方式提取一定大小子体积,即在选定区域内使样品子体积立方体的边长以50体素间隔由小到大变化,统计每一子体积的孔隙度最终绘制结果于图4.6中;方法二通过在原始样品某一位置的子体积逐渐增加边长,考察连续体积变化的子体积的孔隙度变化,本章中从坐标原点处的边长为50体素子体积开始统计,统计结果如图4.7所示。

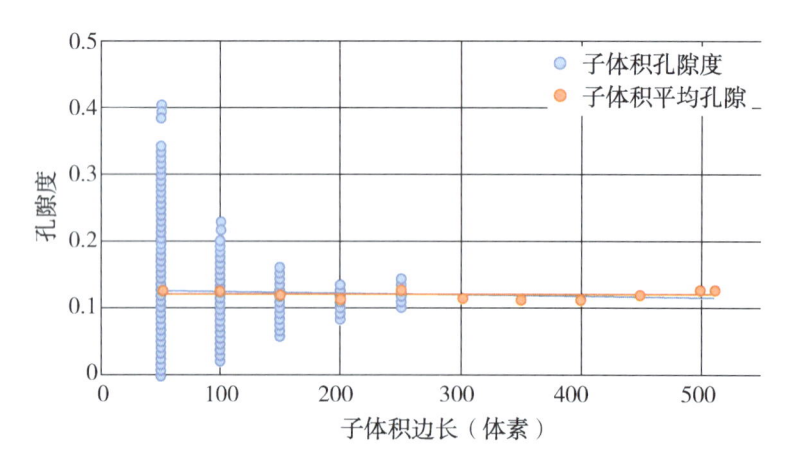

图4.6 随机子体积法统计孔隙度的变化

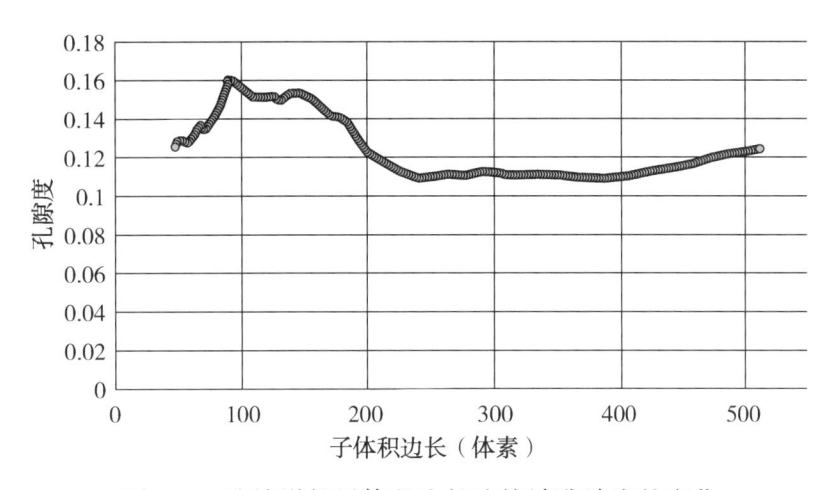

图 4.7 连续增长子体积边长法统计孔隙度的变化

由图 4.6 散点数据分析可得，不同边长子体积测取的孔隙度值以样品整体绝对孔隙度值为中心上下波动，呈现出子体积越大，分布越居中紧密，而子体积越小，分布越散乱的规律。较小体积不同位置提取的子体积的孔隙度虽然波动较大，但同一体积下所有子体积的平均孔隙度值接近于样品的总绝对孔隙度值。当子体积边长大于 300 体素时，孔隙度值虽然仍有波动，但基本上位于样品总绝对值孔隙度水平上，表明杂乱复杂的孔隙结构在体积达到一定程度后表现出相对稳定的趋势。

由图 4.7 可得，当坐标原点处子体积边长以 1 个体素增长时，子体积的孔隙度由较大波动逐渐趋于平稳后又有一定程度的波动，整体趋势与图 4.6 中子体积平均孔隙度变化相似。孔隙度变化相对平稳后对应值约为 0.1100，最大子体积孔隙度为 0.1243，两者的差值 0.0143 相对于样品的有效孔隙度值 0.1042 来说，约占有效孔隙空间的 10%，表明该块致密油储层岩心具有一定的非均质程度。

结合图 4.6 和图 4.7，可得当不同方式提取子体积尺寸大于 300 体素时，子体积孔隙度在一定程度上区域稳定，在后续致密油储层岩心孔隙空间分形表征和毛细渗吸研究中，在满足计算硬件要求的情况下，尽可能提取尺寸大于 300^3 体素子体积模型。

4.3.2.2 非均质程度分析

低分辨率扫描结果中包含了 1014 张二维扫描切片，通过统计每张切片的孔隙率，可以定量分析该块致密油储层岩心的非均质程度。实现原理：基于选定区域内二值化后的扫描结果，确定出孔隙和岩石在每张 CT 切片图像中所对应的像素点，通过逐层统计分别代表孔隙和岩石像素的个数，得到该块岩心沿轴向不同位置的截面孔隙度，如图4.8所示。

由图4.8可以看出：该块致密油储层岩心截面孔隙率随轴向位置变化在0.097~0.171之间波动，最大孔隙率和最小孔隙率差值达到0.074。相对该块岩心的绝对孔隙度0.1244来说，这种波动总体来说相对较大。而且编号在429到512间的截面孔隙率跳跃性较大，这些都说明该块致密油储层岩心的非均质程度较为强烈。

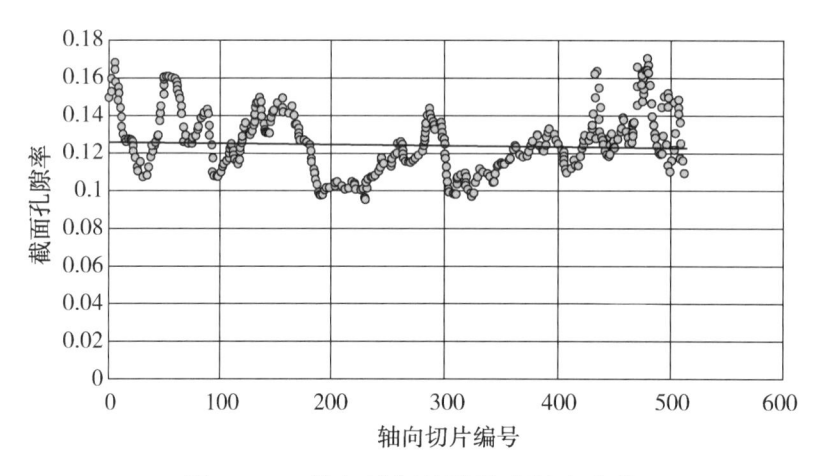

图4.8 二维扫描切片孔隙率轴向变化

4.3.3 致密油储层数字岩心孤立孔隙分析

从高、低分辨率扫描结果可以明显看出该块致密油储层岩心孔隙结构主要呈现出扁平连片状形态，且分布极不均匀，大连通孔隙周围分布数量较多的微小孤立孔隙。这种特征在高分辨率扫描结果中更加显著。由于高分辨率纳米CT相对较小的扫描视域，高分辨率数据集中的孔隙空间主要由体积相对较大的连通孔隙空间组成。

现以数字岩心模型的有效孔隙度和绝对孔隙度定量评价低分辨率扫描结果选定区域内孔隙空间连通性。选择低分辨率扫描结果分析的原因是因为相对于高分辨率扫描结果，低分辨率扫描结果中包含的更多的孔隙空间结构。而且，在对低分辨率扫描结果的图像处理中，以通过室内实验测取的研究样品的基础物性参数为参照标准，重构出低分辨率大尺度三维孔隙空间数字模型。即：在该重构过程中以实验室测取的样品的孔隙度与阈值分割后数字岩心的有效孔隙度的符合程度为评判标准，确定数字模型重构的精准性。本章中，低分辨率扫描结果二值化过程中分割灰度阈值为 6818,重构出的数字岩心模型有效孔隙度为 10.83%(实验测取值为 10.42%),绝对孔隙度为 12.44%。绝对孔隙度与有效孔隙度的差值即为孤立孔隙空间的总体积占比 1.86%。相对于总孔隙空间体积,孤立孔隙占比达到 15.95%,直观表明致密油储层岩心中存在着大量孤立孔隙。当扫描分辨率进一步增大,图 4.9(c)和图 4.9(d)中 0.6μm 分辨率重构模型去除孤立孔隙前后对比表明孤立孔隙在数量上进一步增加,而在体积上增长幅度不是很明显。因此在对高分辨率扫描结果孤立孔隙的分析主要从数量上定量评价。结合其等效孔隙网络模型,选定区域内约有 2972 个孤立孔隙,占总孔隙数量的 93.64%。该结果表明致密油储层岩石存在大量微纳米尺度的孤立孔隙。对致密油储层微米、纳米孤立孔隙分析结果总结见表 4.6。

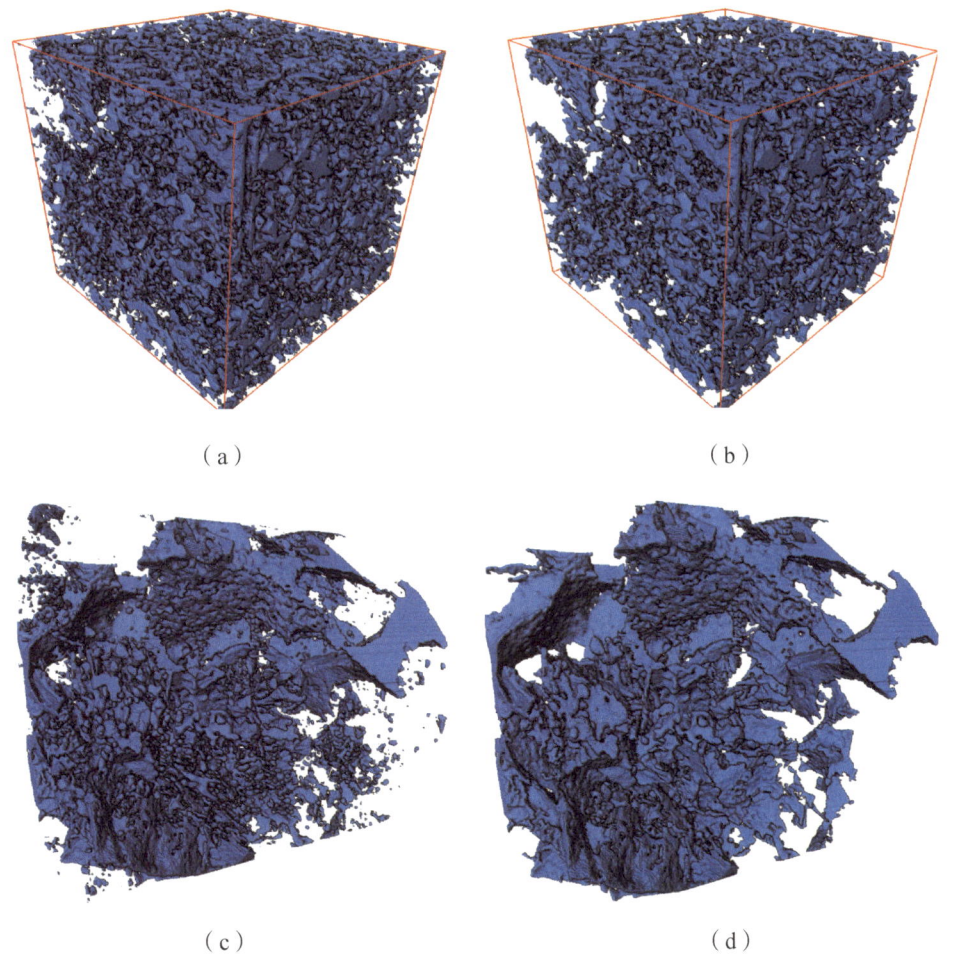

(a)   (b)

(c)   (d)

图 4.9 高、低分辨率数字岩心模型去除孤立孔隙前(左)、后(右)对比
[图 4.9(a)和图 4.9(b)为 7.6μm,图 4.9(c)和图 4.9(d)为 0.6μm]

表4.6 致密油储层微米、纳米数字岩心孤立孔隙分析

数据集	孤立孔隙评价方法	定量描述
微米CT	孤立孔隙体积占比	15.95%
纳米CT	孤立孔隙数量占比	93.64%

4.4 致密油储层岩心孔隙空间分形表征

多孔介质(如岩石、人造材料、生物的组织器官、植物的水分输送系统等)的输运物理特性和存储能力很大程度地依赖于其孔隙的体积、形状、分布、连通情况等微观结构特征。基于传统欧氏几何方法无法准确地表征孔隙结构复杂性,分形作为一种准确描述多孔介质微观孔隙结构形态、复杂程度、非规则性及其关联宏观输运特性的有效手段,已经在表征和研究多孔介质中的渗流特性方面显示出了其独特的优势,并取得了极大的进展。蔡建超编著的《多孔介质分形理论与应用》一书从不同视角更系统地介绍多孔介质的基本分形理论,以及国际上应用分形理论研究多孔介质传输特性的最新研究成果,展现了分形是一种有效的多孔介质输运特性的分析工具。

分形理论作为近些年兴起的岩心结构分析手段,已被大量文献证明可对非常规储层的复杂微观结构进行精细化描述。将分形理论应用于多孔介质的研究,实际上是采用合适的方法或模型表征多孔介质的结构特征,进而分析其传输、应变等性质。多孔介质的分形表征是采用分形方法来分析多孔介质的基础,主要参数或方法有分形维数(Fractal Dimension)、缺项(Lacunarity)分析法和进相(Succolarity)分析法。相较而言,分形维数表示一个物体占有度量空间的多少,可标定多孔介质微观结构复杂程度的大小,缺项表征间隙或裂隙的分布情况,测量图形中裂隙出现的频率和大小,标定的是多孔介质中结构分布的非均质性的大小,进相反映介质内部流体流动的能力,即孔隙中流体可渗透或流动的程度,标定的是多孔介质各个方向上结构分布上的差异。

在本节中,将会使用分形理论中分形维数、进相、缺项三个参数从不同角度对致密油储层岩心结构的复杂特性、非均质性、各向异性进行定量表征,并分析岩心结构属性对其渗透物性的影响。

4.4.1 分形维数计算分析

分形维数(Fractal Dimension)主要描述分形最主要的参量，它是反映复杂形体占有空间的有效性和复杂形体不规则性的量度。应用于多孔介质，根据定义的不同有多种分形维数可定量表征孔隙/颗粒大小分布、孔隙表面粗糙程度和流线弯曲程度等微观结构复杂程度。而多孔介质的应力和传导等物理化学特性，岩体以及煤体的裂缝壁面和孔隙壁面的不规则性、裂缝网络的分布、渗透率和孔隙度等参数的非均质分布，以及以实验或逾渗理论为基础定量描述两相流体渗流时的黏性指数等物理特征和现象，本质上是由其微观结构特征决定的，均可以应用分形几何进行描述。因此，多孔介质分形维数可精确预测描述分形多孔介质流体流动和传输特性。

作为分形定量表征的基本参数，分形维数在标度变化下为定值，其数学意义为物体大小与标度之间呈幂指数关系，其中的指数则定义为分形维数。分形维数突破了传统欧氏几何维数必须为整数的局限，认为物体的空间维度可以是分数，两物体只要满足分形维数相等，则此两物体为自相似。在岩心分析领域，分形维数主要表征所测量目标的复杂程度，且现有多个种类的分形维数可根据定义的不同加以区分。对于岩石中的孔隙，一个孔隙积累数目与孔隙大小之间的主要表达式如下所示：

$$M(\varepsilon) \propto \varepsilon^{D} \tag{4.1}$$

式中：D 为表征岩石孔隙复杂程度的分形维数，称之为孔隙分布分形维数[177]。

在众多研究成果中，孔隙分布分形维数主要可通过三种方法求得：图像处理、实验测量、理论计算。而当在成功获取了岩心的结构图像后，使用计盒法(Box-Counting Method)处理图像从而获取分形维数是最为常用且准确的方法。将图像用不同尺度 r 的盒子去覆盖，记录覆盖有测量分形体的盒子数(如孔隙、裂缝)N，则有

$$N = r^{-D} \tag{4.2}$$

式中：D 为计盒法得到的分形维数。式(4.2)成立的区间是 $r_{min}<r<r_{max}$，其中 r_{min} 和 r_{max} 分别是分形自相似区间的下限和上限。在自相似范围内盒子数与尺度的双对数图的线性拟合的斜率即为分形维数。

计盒法在二维图像结构和三维图像结构上都可稳定的计算出分形维数，唯一区别是在二维图像结构上使用尺度为 r 的正方形格子覆盖计算，而在三维图

像结构上使用尺度为 r 的正方体格子覆盖计算。通过二维多孔介质的分形特性来分析三维介质的特性也是目前常用的研究方法之一，也就是认为三维与二维空间的分形维数(分别用 D_2 和 D_3 表示)相差为 1，即

$$D_2 = D_3 - 1 \tag{4.3}$$

上述关系称为截面约定。基于该约定，用一平面切割分形体，则界面处所形成的图形的分形维数减少 1。对于分形曲面，用一平面沿相互垂直的两个方向切割，得到的曲线的分形维数通常不相同，在实际操作中取多个不同方向上维数的平均值，则可近似满足方程截面约定。而在此处，由于已经获得岩心的三维 CT 图像，所以统一使用三维计算法来计算三维分形维数。

表 4.7 为从 2 块不同分辨率致密油储层岩心中计算的 3D 分形维数。分形维数的数值一般收到多种因素影响，其表征的是孔隙形态总体的一种复杂特征，其受孔隙度影响大，一般来说，孔隙度越大，分形维数越大，而当孔隙度差别不大时，越大的分形维数就代表非均质性越弱，孔隙空间形态发育越为复杂[178]。从这个角度分析 2 块岩心分形维数的数据可知，与致密油储层岩心的低分辨率扫描结果相比，低分辨率扫描结果表现出了较高的分形维数，但总体表现在同一个水平，这也说明了分形维数作为孔隙空间的总体分布特征，受微观孤立孔隙的影响较小，因此，高分辨率扫描结果中识别出的更多的微观孔喉细节并不能有效增大孔隙空间分布的复杂性。

表 4.7　致密油储层数字岩心的三维分形维数

表征参数	高分辨率数据	低分辨率数据
三维分形维数	2.6194	2.6548

4.4.2　缺项参数计算分析

缺项(Lacunarity)分析是近年来十分热门的分形微结构分析工具，可用于定量分析分形的集群(Clustering)程度和表征天然图像的变化，能区分具有相同分形维数的不同结构。具有表征岩心结构非均质性的特征[179]。

缺项 Λ 与多重分形的关联维数 D_q 相关。缺项分析可用于识别具有相同 Dq 但集群尺度及关联程度不同的灰度图像。在大多数物理过程中，分形维数作为不规则性的量度，表征结构的几何性质。在自相似集的例子中，分形维数可以描述集合中元素的"质量"。不同结构的集合或许存在相同的分形维数，缺项具有空间平移不变性特征，所以可用于区分这些不同结构的集合。

4 致密油储层微观孔隙结构精细描述方法

常用的测量集合缺项的方法应用范围单一,很难表征常见的自然结构特性。在这一节中,将介绍滑移计盒法(Gliding Box Algorithm)这一通用的方法测量质量分形的缺项。目前,滑移计盒法是目前计算缺项的常用方法,且具有广泛的应用。与计盒法类似,计算 3D 缺项的滑移计盒法是使用尺度为 r 的正方体格子在 3D 图像上滑动从而计算。但 2D 缺项与 3D 缺项的值之间并不符合截面约定,两者需要分别计算。与表征孔隙分布的集群特性的 2D 缺项相比,3D 缺项能更好地表征孔隙在 3D 空间内是否集中。所以此处,统一使用 3D 缺项来表征致密油储层岩心 CT 图像的结构性质,并分析结构与物性之间的关系。

表 4.8 为不同尺度下从两种分辨率扫描 CT 数据中计算出的 3D 缺项。缺项上下边界的最大值和最小值分别为 $\varLambda_{\max} = \varLambda(1) = 1/\phi$ 与 $\varLambda_{\min} = \varLambda(l) = 1$,这表明不同的孔隙度的值会改变缺项的最大值。为了避免孔隙度的影响,将从滑移计盒法计算出的缺项通过下式归一化(图 4.10):

$$\varLambda^*(r) = \frac{\varLambda(r) - \varLambda_{\min}}{\varLambda_{\max} - \varLambda_{\min}} = \phi \frac{\varLambda(r) - 1}{1 - \phi} \tag{4.4}$$

表 4.8 致密油储层岩心不同尺度下三维缺项计算值

表征参数	高分辨数据	低分辨数据
缺项($r=1$)	6.983179784	8.036871794
缺项($r=2$)	6.794265435	6.96258277
缺项($r=4$)	6.561312358	5.794522957
缺项($r=8$)	6.173402722	4.254820938
缺项($r=16$)	5.610737259	2.661378822
缺项($r=32$)	4.896480834	1.617056646
缺项($r=64$)	3.950686802	1.196570251
缺项($r=128$)	2.656693509	1.059055075
缺项($r=512$)	1	1

注:r 为尺度值,体素。

为了更直观地观察不同岩心缺项的大小,将不同尺度下的归一化取平均列于表 4.9 中,平均缺项的大小即可直观展现岩心非均质性的大小。分析表 4.9 中数据可知,由于高分辨率扫描结果中包含了较少的孔隙空间结构信息,相比于低分辨率扫描结果,表现出较强的非均质性,即孔隙空间的聚集程度要比低分辨率高。

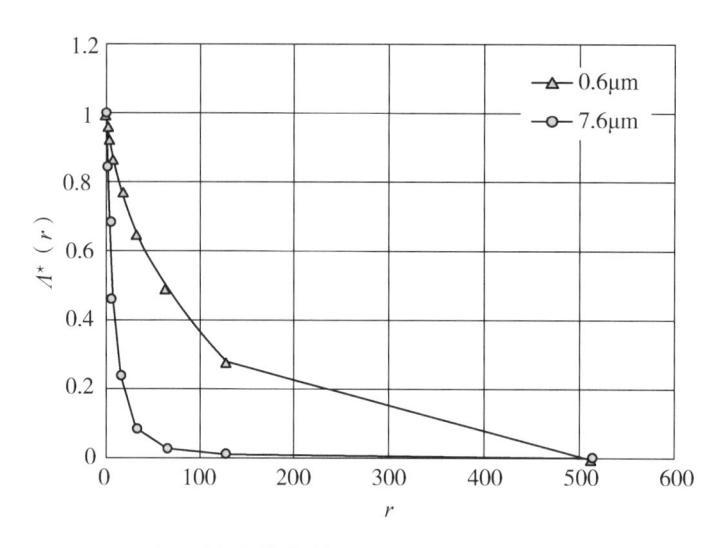

图 4.10　高、低分辨率数字岩心模型的缺项归一化曲线

表 4.9　致密油储层岩心不同尺度计算出的平均三维缺项归一化

表征参数	高分辨率数据	低分辨率数据
三维平均缺项	0.661609527	0.37236968

4.4.3　进相参数计算分析

进相(Succolarity)是分形几何中的重要参数之一，与分形维数和缺项一致均是分形物体的自然结构属性。进相表征介质内部流体流动的能力，即孔隙中流体可渗透或流动的程度，可用于测量图形结构在不同方向的连通特性，具有表征岩心结构各向异性的特征。与缺项相同，进相也可区分具有相同分形维数的不同孔隙结构，它与缺项一起在分形几何学中是对分形定量结构参数表征很好的补充[179]。

目前测量分形维数和缺项方法已较成熟，而预测进相的方法和技术还较少。下面要介绍的是一种基于计盒法思想的进相算法，该方法通过施加虚拟流体外压力来评价图形结构内流体流动方向与逾渗的关系。值得注意的是，该方法中测量的图像必须为二值化图像。

表 4.10 即为致密油储层岩心高、低分辨率扫描结果在 3D 六个方向上计算出的 3D 进相计算值，从表中数据可以看出，高、低分辨率扫描结果在各个方向上的进相值差异较大，根据进相值可表征岩心孔隙结构分布的各向异性特征的物理意义，即表中数据可以说明，致密油储层岩心孔隙结构发育表现出明显的各向异性特征。

表4.10 致密油储层数字岩心不同方向上进相计算值

表征参数	高分辨率	低分辨率
x 正进相	0.0001	0.003
x 负进相	0.0019	0.0046
y 正进相	0.0001	0.0005
y 负进相	0	0.0025
z 正进相	0.1079	0.0341
z 负进相	0.0015	0.0088

4.4.4 小结

本节通过分形几何参数(分形维数,进相,缺项)对致密油储层岩心的高、低两种分辨率扫描结果中孔隙结构分布的复杂特性、非均质性、各向异性进行了分析,主要结果如下。

(1)从分形维数的对比结果可知,低分辨率扫描结果略大于高分辨率扫描结果的分形维数,也说明了高分辨扫描结果中识别出的微观孔隙细节对致密油储层岩心的整体孔喉结构的空间分布存在一定影响,但整体分形维数对高分辨率图像识别出的微小结构的变化不敏感,所以仍需要进一步开展进项和缺项表征分析。

(2)从缺项的计算结果可知,致密油储层岩心表现出明显的非均质性发育特征,这也进一步证明了基于数字岩心模型非均质性的分析结果。

(3)从进相的计算结果可以看出,致密油储层岩心表现出各向异性发育的较强的特点,高、低分辨率扫描结果同时显示在轴向方向上(z方向上)各向异性较高。

4.5 孔隙网络提取及孔喉参数表征

4.5.1 孔隙网络模型提取

完整的孔喉分布是了解致密油储层特征的必要基础,同时也是认清流体富集空间和渗流通道的根本途径。由于致密油储层多孔介质中内部孔隙通道的形状、尺寸复杂多变，孔道间的连接交错纵横，除用分形参数表征外，很难用一组简单的数据表征这种模型的复杂程度。目前，通过引入多种算法和简化思想，转换复杂孔道模型为一组简单几何体的组合模型，通过定量表征这些简单几何体的尺寸参数和连接关系实现真实孔道复杂程度的定量表征目的。这也就是等效孔隙网络模型表征复杂介质形状、拓扑特征的主要思想[180,181]。因此，基于上述重构的数字岩心模型，利用最大球算法等效提取了其孔隙网络模型（图4.11）。从该图中也可以看出该块致密油储层岩心的孔隙空间发育情况，即直观得到孔隙网络模型与其三维数字岩心模型中孔隙空间发育情况具有较好的一致性。

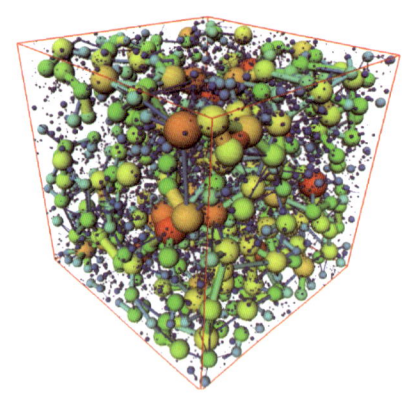

（a）7.6μm分辨率扫描结果中512³选定区域构建的孔隙网络模型

（b）0.6μm全数据集区域构建的孔隙网络模型

图4.11 致密油储层岩心的等效孔隙网络模型

图4.11（a）和图4.11（b）分别为7.6μm分辨率扫描结果中512³选定区域和0.6μm全数据集区域构建的孔隙网络模型。简单对比可知，低分辨率扫描结果包含更多的大孔隙结构，而高分辨扫描结果探测出尺度更加微小的孔隙结构。该图中，大孔隙喉道半径映射为红色，小孔隙喉道半径映射为蓝色。数量相对较多的蓝色球、棍分布进一步表明该块致密油储层岩心孔隙结构发育的致密性。

4.5.2 孔喉结构参数分析

根据等效提取的孔隙网络模型，统计出其孔喉大小、结构等各种性质。下面将主要从孔隙空间拓扑结构、孔隙喉道尺寸特征及其形状特征三个方面对致密油储层岩心的孔隙空间特征进行分析。

4.5.2.1 低分辨率孔喉参数

喉道半径频数和累计频率分布如图 4.12 所示。频率统计间隔取最大和最小喉道半径差的五十分之一。喉道是岩心中流体在同一孔隙流动时的局部最小通路,因此强烈控制流体流通能力。常规岩心定性分析中,如果喉道半径频数分布的峰值出现的早且频数值较大,即喉道主要为小半径,岩心模型的渗透率也相对较小,岩心渗流能力较差。如果频数峰值出现晚且相应频数值小,即喉道半径主要为大半径,则模型的渗透率也较大,岩心的流通性较好。从图 4.12 可以明显看出,该块致密油岩心喉道半径分布的频数在最小喉道半径范围内(1.84~4.36μm)便出现峰值,并占据较大的比例。且小于 44.72μm 喉道半径范围的累计频率达到了 90%,较大喉道半径数量较小。上述均表明致密油储层岩心渗流能力差的本质原因是数十微米半径的喉道占据重要部分。

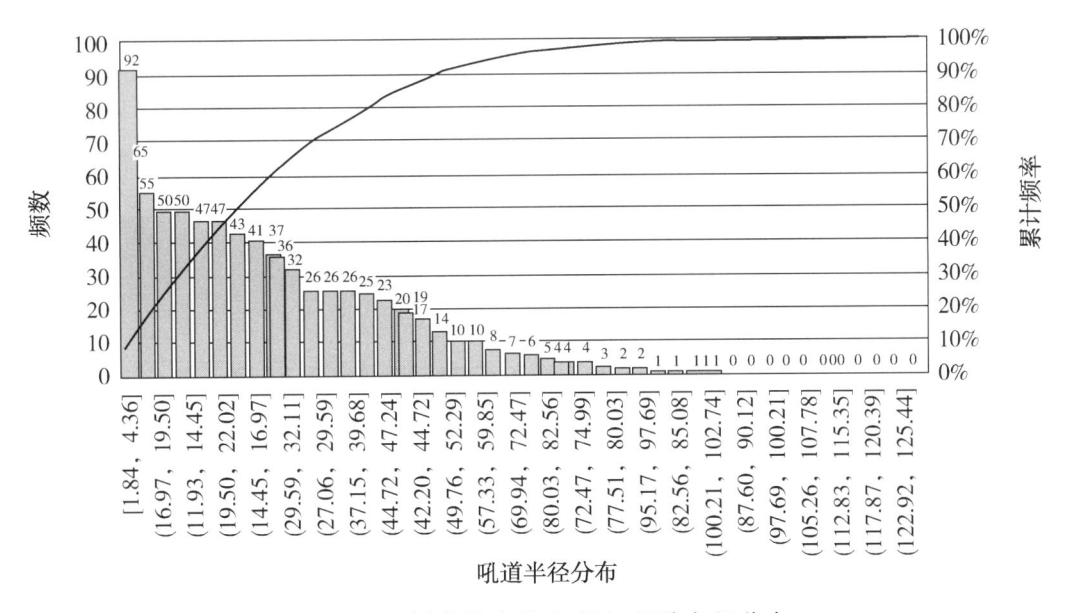

图 4.12 低分辨率数字岩心喉道半径分布

孔隙半径分布如图 4.13 所示。与喉道半径分布类似,孔隙半径频率在较小半径范围内便出现峰值,约占总孔隙个数的 35%。孔隙半径小于 28.99μm 范围内孔隙个数达到 90%。

配位数频数分布如图 4.14 所示。配位数的大小不仅对流体的渗流起到重要作用,而且对油气的驱替也有着关键作用。配位数越大,剩余油气的分布越少;而配位数小的情况下,剩余油一般残留在"死孔隙"内,即配位数为 1 的孔喉,难以动用。从图 4.14 可以看出,低分辨率扫描结果构建的孔隙网络模型中，配位数分布主要集中在0~1间，即孤立孔隙和盲端孔隙占据较大比例。配位数小于4的孔隙占主要部分。虽然选定区域内也存在较大配位数的孔隙，例如，配位数大于10的范围，但数量相对较少。从此配位数分布特征可以直接看出致密油储层岩心的连通性及渗流能力较差的本质原因。

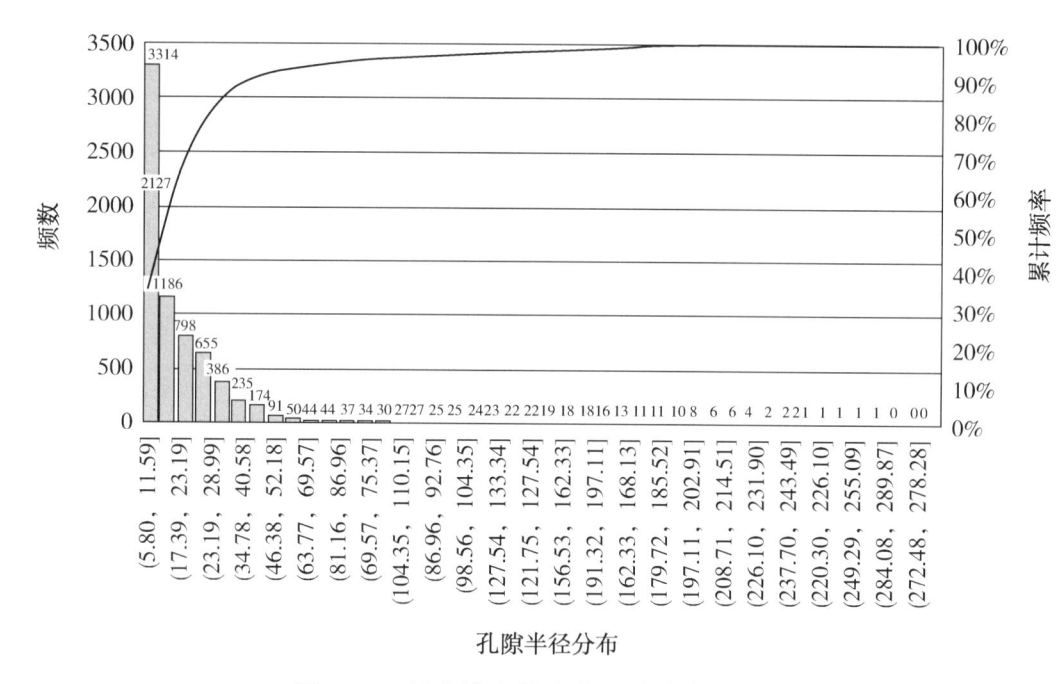

图4.13 低分辨率数字岩心孔隙半径分布

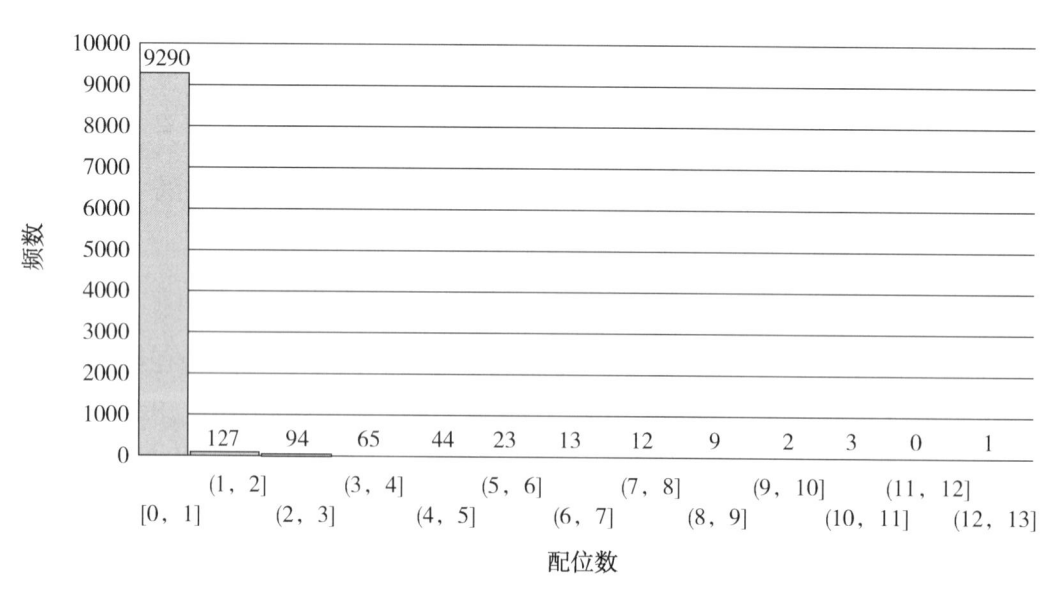

图4.14 低分辨率数字岩心配位数分布

经过统计，7.6μm 分辨率扫描结果的选定分析区域内（512^3 体素）共有 9684 个孔隙和 862 个喉道。孔隙和喉道个数如此悬殊的主要原因是致密油储层岩心中存在着较大数量的微小孤立孔隙。而且这些死孔隙空间占据着大约 1/6 总孔隙空间。平均配位数不到 2，严重影响该块致密油储层岩心的连通性及渗透性。

4.5.2.2 高分辨率孔喉参数

高分辨率纳米 CT 可以表征更加精细的孔隙结构，探测低分辨率扫描结果中未能发现的尺度相对于连通孔隙更加微小的"孤立孔隙"，补全低分辨率扫描中"丢失"的孔隙结构。由于高分辨率纳米 CT 尺度过小，需要在样品上选择合适位置才能得到预期效果，因此，为充分利用该数据集，在图像处理时尽可能选择较大的分析区域。本章中高分辨率数据集确定的分析区域为仅去除背景和切割边缘体素后剩下的柱状区域。构建的孔隙网络模型（图 4.11）和统计的孔喉结构信息如图 4.15 至图 4.17 所示。

经图 4.15 至图 4.17 的统计结果可以看出，高分辨率 CT 结果提取的孔隙网络模型孔、喉半径分布较窄，孔径分布主要集中于 <20.57μm 分布，喉道半径主要集中于 <5.2μm 分布。从配位数分布图可以看出，盲端和孤立孔隙频数在研究范围内高达 3025，不仅说明该块致密油储层岩心由于孤立孔隙发育显著，同时也直观表明高分辨率数据集中探测到更多的微观细节。

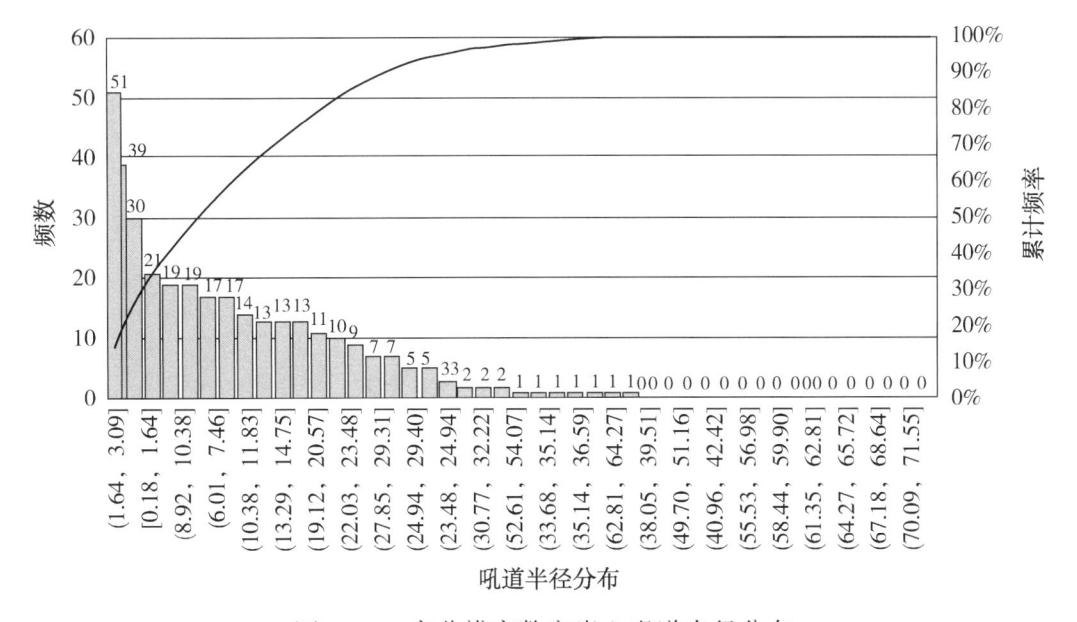

图 4.15　高分辨率数字岩心喉道半径分布

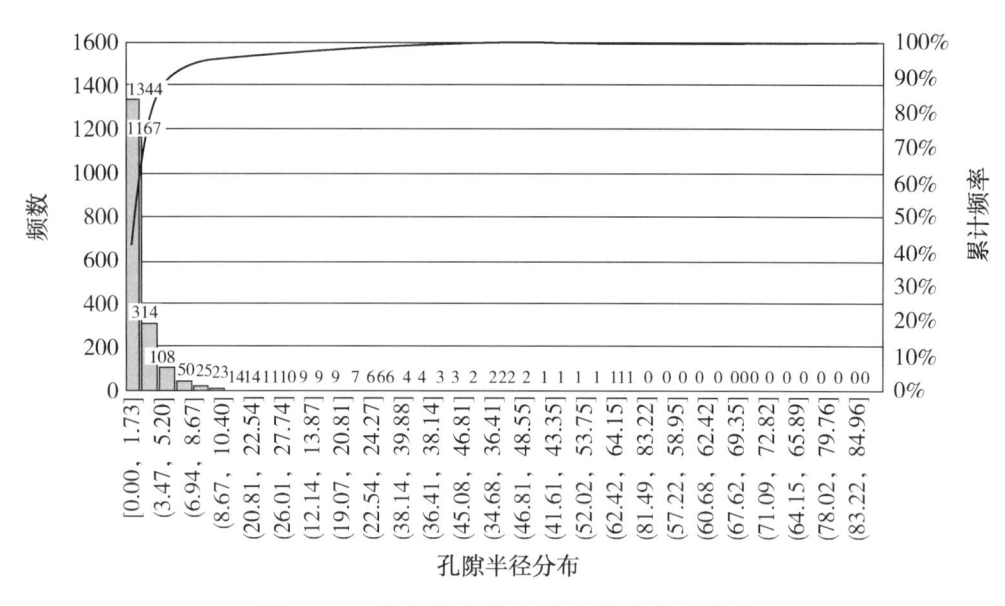

图 4.16 高分辨率数字岩心孔隙半径分布

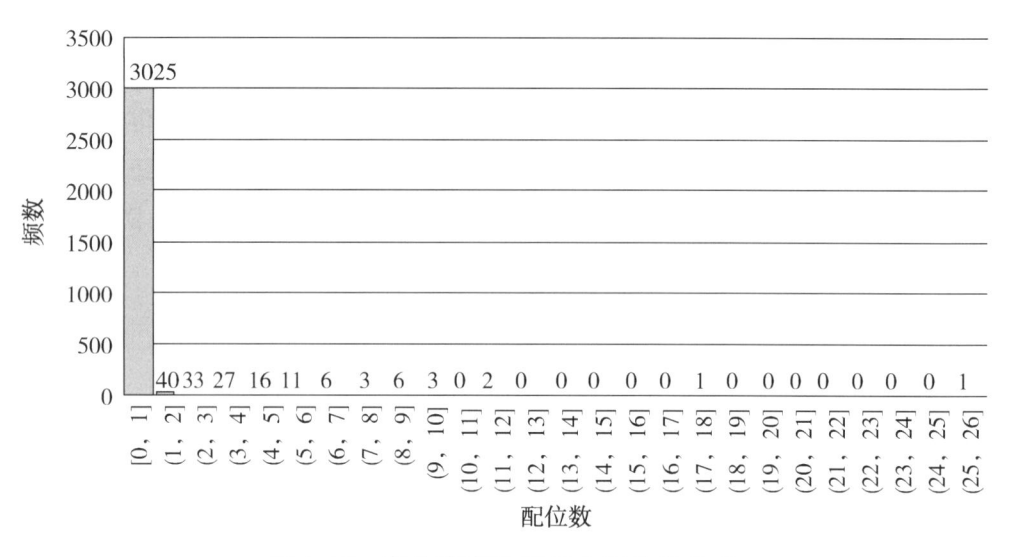

图 4.17 高分辨率数字岩心配位数分布

4.6 SEM 图像孔隙结构参数分析

SEM 电镜扫描分析技术具有更高的扫描分辨率,可以直观观察到纳米尺度下岩心的具有更加细微的孔隙结构,但限于 2D 成像,因此常用来分析尺度更小的局部孔隙结构特征。下面将分别分析不同尺度下 SEM 探测的孔喉特征和微裂缝特征。

4.6.1 孔喉结构分布特征

为了更加精确表征微纳米尺度下孔喉结构特征,本章共拍摄了分辨率由 1.175nm 到 601.6nm 的 40 张 SEM 图像,选取的代表性样张展示如图 4.18 所示,用以定性分析致密油储层微观孔喉结构。SEM 图像资料显示该致密油储层发育不同尺度的孔隙结构空间,且类型多样,主要包括原生粒间孔[图 4.18(a)]、粒间溶蚀孔[图 4.18(c)]和微裂缝[图 4.18(c)]等。

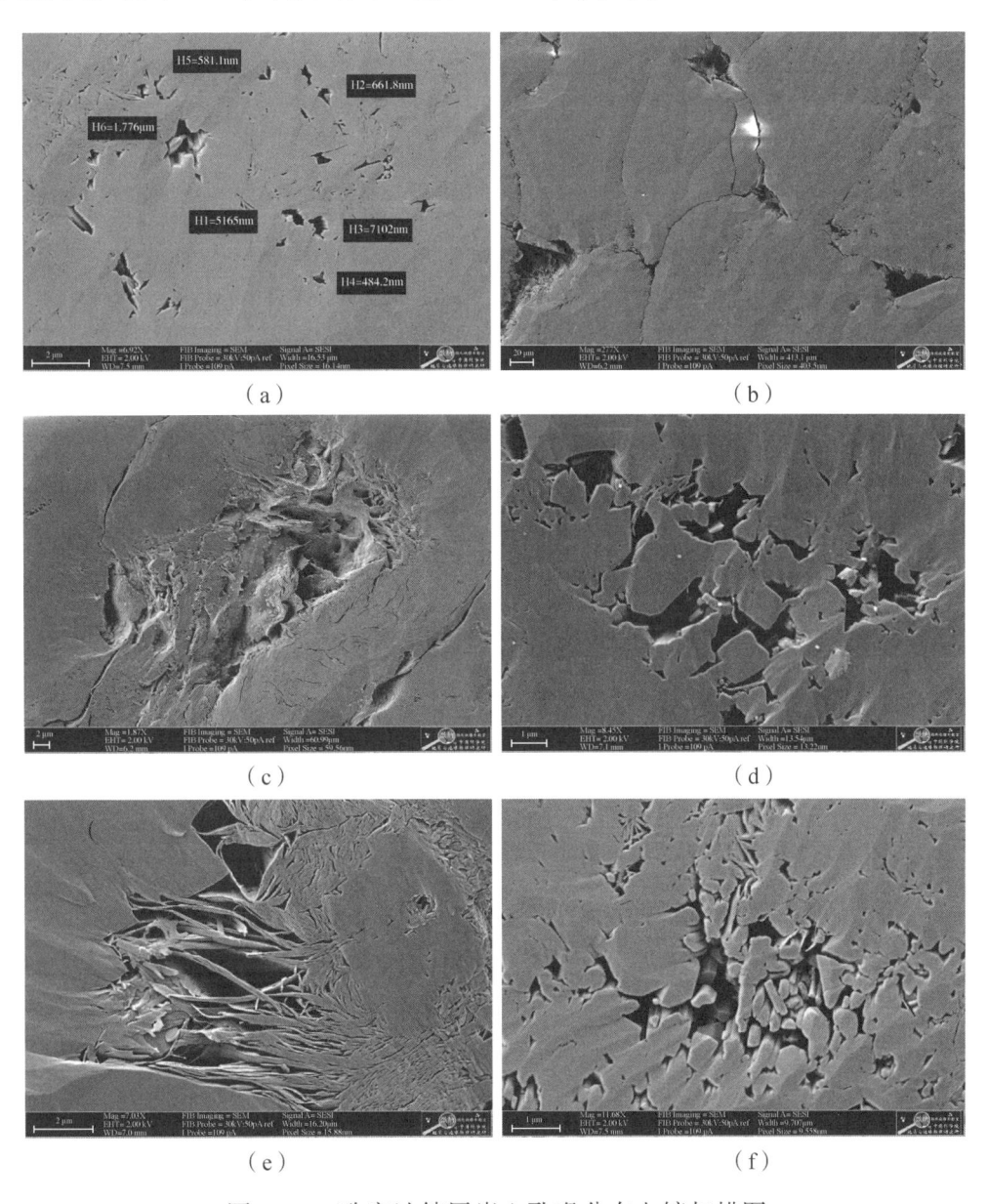

(a)

(b)

(c)

(d)

(e)

(f)

图 4.18 致密油储层岩心孔喉分布电镜扫描图

直观观察扫描电镜图片可以看到，该致密油储层孔隙结构主要为三角形和多边形，原生粒间孔相对较少，该类孔隙半径通常可达几百微米[图4.18(b)]。在致密油储层中溶蚀孔隙的占比较大，其主要有粒间溶蚀孔隙和粒内溶蚀孔隙两种类型。粒间孔隙主要由钠/钾长石或石英颗粒溶蚀形成，多见次生钠长石晶体充填于孔隙空间，相较而言，该类孔隙半径一般为几十微米，大者可达上百微米；粒内溶孔一般相对较细小，孔径一般为 5~20μm。黏土控制微孔主要发育于岩石颗粒表面和粒间黏土矿物，该类孔隙一般都较小，孔喉半径只有几纳米到几微米，致密油储层广泛发育和分布的黏土矿物，使得其对孔喉类流体的渗流特征影响较为明显，该类孔隙也为致密油储层内束缚流体提供了富集空间。

4.6.2 微裂缝特征描述

拓宽 SEM 图像分析范围，在该块致密油储层岩心发现了两种类型的微裂缝。在致密油储层中，同时还可发现少量的微裂缝，该类微裂缝宽度只有几纳米或者几微米，但是其长度可达到上百微米或者更长，因此也是流体渗流的主要通道。

通过测量图 4.19 中裂缝参数，其张开度达到 778.2nm，长度相对较长，贯穿整个拍摄视域。从实验结果图中可以看出，样品岩心整体结构较为致密，没有明显的裂缝发育，孔隙以纳米级孔隙为主，孔隙类型以晶间孔、粒内溶孔为主。从孔隙的分布方面可以看出，局部地区孔隙具有一定的连通性，但整体连通性较差，这导致岩心孔隙度较高的同时，渗透率却很低，岩心具有高孔隙低渗透的特征。

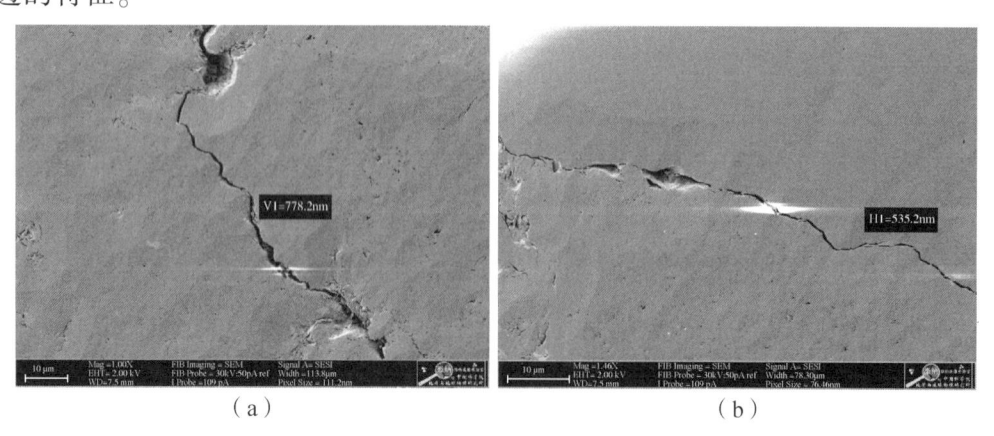

图 4.19 致密油储层岩心微裂缝电镜扫描图

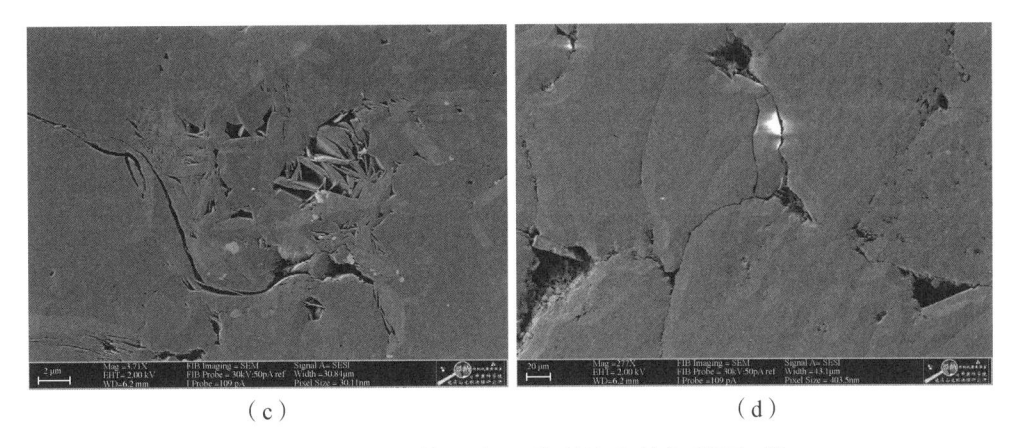

4　致密油储层微观孔隙结构精细描述方法

(c)　　　　　　　　　　　　　　(d)

图 4.19　致密油储层岩心微裂缝电镜扫描图(续)

4.7　本章小结

本章介绍了多尺度图像获取、多分辨率 3D 数字岩心模型重构及其孔隙网络等效提取、孔隙空间结构参数分形表征和等效表征等方面内容,具体认识如下。

利用高精度 CT 3D 成像技术,在不同尺度下表征致密油储层孔喉结构特征,能够分析孔喉形状、大小、空间分布及连通性。致密油储层岩石具有低孔隙、致密的储集空间形态,微观孔喉特征在不同尺度下具有不同的表现形式。低分辨率微米级孔隙具有多种形态,主要呈片状非均匀分布形态,且伴随较大占比的孤立孔隙空间。高分辨率纳米级孤立孔隙数量占较大比例,孔隙几何形态多呈短片状及球状,分布于矿物颗粒内部和表面,主要连通通道仍由大孔隙结构组成。

基于不同尺度 SEM 扫描电镜分析可知致密油储层样品岩心以纳米级孔隙为主,孔隙类型以晶间孔、粒内溶孔为主,局部有微裂缝发育。孔隙结构复杂,连通性较差,岩心具有低孔隙、低渗透特征。

利用低分辨率微米尺度 CT 结果,结合 REV 和截面孔隙率分布,定量分析 3D 和 2D 孔隙率的空间变化,考察了致密油储层岩心的非均质程度,结果表明,该块致密油储层岩心非均质程度强。

通过分形几何参数(分形维数,进相,缺项)对致密油储层岩心的高、低两种分辨率扫描结果中孔隙结构分布的复杂特性、非均质性、各向异性进行了分析：分形维数分析结果表明，高分辨率扫描结果中识别出的微观孔隙细节对致密油储层岩心的整体孔喉结构的空间分布存在一定影响，但整体分形维数对高分辨率图像识别出的微小结构的变化不敏感；缺项分析结果表明，致密油岩心表现出明显的非均质性特征；进相分析结果表明，致密油储层岩心表现出较强的各向异性，高、低分辨率扫描结果同时显示在轴向上（z 方向上）各向异性更强。

综上可知，本章介绍了一种采用三种孔隙测试技术相结合的一套毫米级、微米级和纳米级三个尺度全面描述孔隙结构特征的方法。相比常规方法，该方法将宏观和微观分析相结合，表征尺度更加精细，定量研究更多样、准确，能较好地满足致密油储层研究中多尺度测试的需求。

5 致密油储层毛细渗吸效应及储层参数对渗流机理的影响

从数值模拟角度出发,根据重构的数字岩心模型的微观结构,研究微纳尺度下致密油储层的毛细效应对渗流特性的影响,揭示在该尺度下流体的赋存状态与输运特性,定量确定自发渗吸的作用大小,厘清致密油微纳尺度下影响流体流动的因素,以期最终能为致密油生产开发提供一定理论支撑。

5.1 致密油储层毛细渗吸效应

致密油储层具有低孔隙、低渗透、低压、产量递减快、采收率低等特点[182,183],使用常规开发技术难以有效开发致密油藏。目前在致密油开发中常采用大规模体积压裂技术,通过压裂在储层中形成复杂缝网,从而大幅提高裂缝的导流能力。此外,自发渗吸被认为可以有效地提高致密油采收率[182,184]。石油工业科技工作者对岩心的自发渗吸现象及特征开展了大量的研究,但对致密油储层岩心的自发渗吸机理研究相对较少,许多自发渗吸规律及影响因素尚不明确,尤其在孔隙尺度下自发渗吸驱油机理及两相赋存规律的认识还不够深入。

致密油储层中毛细渗吸效应是一种常见的毛细管力作用现象,具体是指,在毛细管力作用下,润湿相自发侵入岩石多孔介质中,驱替出原来占据的非润湿相流体的过程。人们通常把自发渗吸分为两种:顺向渗吸和逆向渗吸[185-190]。

当润湿相吸入的方向和非润湿相排出的方向相同时,这个过程就叫作顺向渗吸,反之则为逆向渗吸,在致密油储层中以逆向渗吸为主(图5.1)。

一般注水开发的裂缝性亲水储层中,受到毛细管力和浮力的共同影响,水从低部位吸入岩心,而油从高部位排出,即发生顺向渗吸(图5.2)。一般饱和油的岩心放入水中,由于大小不同的孔隙中毛细管力差异较大,开始首先发生逆向渗吸,但渗吸速度会逐渐降低,之后浮力作用逐渐成为主导因素,顺向渗吸逐渐占据主导地位。

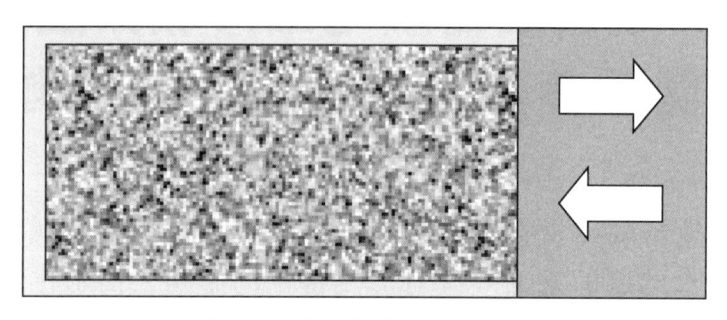

图 5.1 逆向自发渗吸示意图

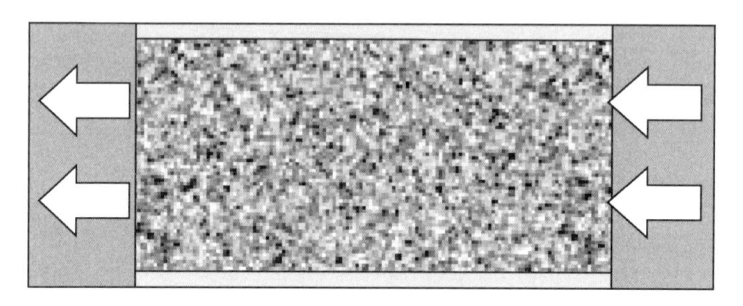

图 5.2 顺向自发渗吸示意图

5.2 毛细渗吸影响因素分析

发生在多孔介质里的自发渗吸是一个非常复杂的过程,受到多种因素的影响,这些因素包括:岩心大小、岩石物性特征(孔隙度、渗透率、润湿性等)、流体特性(密度、黏度和界面张力)、初始含水饱和度、边界条件等[191,192]。不同条件下不同因素的渗吸规律也不尽相同,对此目前没有统一的认识。因此针对具体情况,有必要进行相应的渗吸数值计算,研究不同条件下不同因素对渗吸效果的影响,揭示渗吸机理。本小节首先认识自发渗吸影响因素。

5.2.1 孔隙度和渗透率

孔隙度和渗透率作为岩心的基础物性参数,其对自发渗吸过程具有较大影响,且存在使驱油效率达到最优的物性参数值[186,193,194]。

5.2.2 润湿性

前人研究表明自发渗吸采收率对润湿性相当敏感,多孔介质的润湿性对自发渗吸的程度产生较大的影响[195]。研究结果表明岩心渗吸程度从小到大岩心的润湿性依次为:弱水湿岩心、中等水湿岩心、强水湿岩心。而且弱亲水的岩心渗吸速度也最慢,渗吸采收率最低。

5.2.3 界面张力

界面张力对渗吸采收率的影响,学者们对此有不同的认识,其中一种观点认为低界面张力有助于渗吸,进而有利于提高渗吸采收率[196,197]。而另一种观点与此相反,认为界面张力的降低削弱了作为渗吸动力的毛细管力,不利于渗吸的进行,因此渗吸驱油效率降低。还有的学者持折中观点,认为界面张力过大和过小都不好,应当可以找到一个最优值。这些截然不同的观点存在的主要原因是不同学者开展的实验条件迥然不同,出现的规律差别较大。例如,有学者对低渗透亲水岩心开展在不同界面张力体系下的自发渗吸实验,研究发现,较低的界面张力体系会使渗吸驱油提前发生,因而渗吸时间增加,渗吸出油量及渗吸平衡采收率增加。他们认为界面张力的降低会增强油滴的变形能力,有助于油滴的运移,从而使得孔隙中部分剩余油转化成可动油,因此得出了观点一中的结论。也有学者开展不同种类、不同浓度表面活性剂溶液的渗吸实验,得出表面活性剂浓度增加,界面张力降低,渗吸采收率也随之降低,从而证实了观点二中的结论。

5.2.4 流体性质

储层条件下,两相流体的密度比、黏度比、润湿相的矿化度和含盐度均会对自发渗吸采收率有一定的影响[198,199]。其中研究两相流体黏度比对自发渗吸过程中润湿相流体的渗吸速度和渗吸量的影响较多,发现不同的两相黏度比条件下渗吸过程和最终采收率相差很大。而润湿相矿化度研究方面,适当地降低渗吸液矿化度,可以改变岩石的润湿性,使得岩石向水湿方向过渡,润湿角减小,毛细管力增加,即渗吸主要驱动力增加,从而渗吸采收率增加。

5.2.5 其他因素

对致密储层自发渗吸影响因素的调研主要集中于多孔介质孔隙度、渗透率、润湿性、界面张力、流体性质等方面。当然，影响自发渗吸的因素还有很多，例如初始含水饱和度、边界条件、温度和pH值等[200,201]。

5.3 自发渗吸规律数值计算

基于重构的致密储层3D数字岩心模型，重点研究不同流体润湿性对自发渗吸过程中两相流体的分布、演化及最终采收率的影响规律，深刻认识致密油储层自发渗吸驱油机理。

5.3.1 理论基础

本章主要应用基于Boltzmann方法颜色梯度模型开展致密储层自发渗吸模拟计算。下面将简要介绍控制流体输运的LBM方法和追踪两相界面演化的颜色梯度模型[202]。

LBM利用离散空间网格格点上具有不同速度方向的虚拟粒子群的碰撞、迁移来表征流体流动。一个格点某一速度方向的虚拟粒子占有量即是分布函数$f_i(x)=f(x,e_i)$，其并入外部作用力后的时空演化方程(BGK碰撞项)为

$$f_i(x+e_i\Delta t, t+\Delta t)-f_i(x, t)=-\frac{1}{\tau}\left[f_i(x, t)-f_i^{eq}(x, t)\right]+K_i \quad (5.1)$$

其中K_i为并入LBGK模型的外力项(这里主要指重力)。目前引入外力项的方法众多，各有优势[176]，这里主要应用Guo作用力项：

$$K=\left(1-\frac{1}{2\tau}\right)w_i\left(3\frac{e_i-u}{e^2}+9\frac{e_i u}{e^4}e_i\right)\cdot F \quad (5.2)$$

其中F为体积力矢量，该作用力对流体的作用通过宏观速度的改变体现，即动量方程，因此流体宏观运动速度由下式计算：

$$\rho u(x, t)=\sum_i e_i f_i(x, t)+\frac{\Delta t F}{2} \quad (5.3)$$

至此，上面的公式即为描述流体在外力(体积力)作用下的输运方程，通过Chapman-Enskog展开可以得到动量、能量和质量守恒的N-S运动方程。

颜色梯度模型(Colour Gradient Model)中分别以红色和蓝色标记两组分流体，通过在碰撞项中添加微扰动以引入表面张力，即该模型中表面张力被视为压力局部各向异性(界面法向压力大于切向方向压力)，而 LBM 中压力正比于流体密度，因此对碰撞后的不同组分流体粒子的重新标色或重新编排，优先放置于两相界面垂直方向上的两侧，从而引入表面张力，驱使流体流向相同颜色的流体区域，以达到相分离的目的。因此，该模型仅用来模拟非混溶多相流体流动[203,204]。

由于致密油储层孔隙结构的复杂性及毛细现象过程中较小的毛细管数，为了提高基于3D数字岩心模型渗吸模拟的精度和稳定性，利用了优化扰动项的颜色梯度模型及多松弛碰撞项(MRT)。优化的颜色梯度模型中需要三个时间空间演变方程：一个为控制压力和密度演变的全尺寸分布函数，另外两个 LB 方程仅用于模拟界面随着速度的演变，且不需要存储每一时步具体的分布函数值。在 MRT 碰撞项中的平衡附加项用于产生表面张力，而重新标色用于限制界面附近发生扩散。

改进模型中颜色梯度矢量场如下：

$$C(x,\ t)=\frac{3}{c^2\Delta t}\sum_i w_i e_i \phi(t,\ x+e_i\Delta t) \tag{5.4}$$

界面方向由正则化梯度表示：

$$n_\alpha=\frac{C_\alpha}{|C|} \tag{5.5}$$

两个独立的 LB 演化方程用于计算两组分密度场对流，分别用 ρ_b 和 ρ_r 表示。现以蓝色流体为例展示其 LB 演化方程和平衡分布函数：

$$g_i(x+e_i\Delta t,\ t+\Delta t)=g_i^{eq}[\rho_r(t,\ x),\ u(t,\ x)] \tag{5.6}$$

$$g_i^{eq}=w_i\rho_r\left(1+\frac{3}{c^2}e_i u\right) \tag{5.7}$$

5.3.2 模型设置

由于构建的致密油储层数字岩心模型具有较低的均质程度和连通性，在原始数据集中随机选取大小为 150^3 体素($1.14^3\ mm^3$)的子体积用于自发渗吸模拟时，连通测试显示子体积中与渗吸发生方向连通的孔隙路径较少且分布极其不均匀，且存在大部分空间无连通孔隙填充(图5.3左下角和右下角)和几条连通孔隙簇仅靠几个喉道连接的情况。同时，与上下进出口缓冲层相连接的孔隙空间连接点也相对较少和分布不均匀，这都增加了渗吸模拟计算的难度。

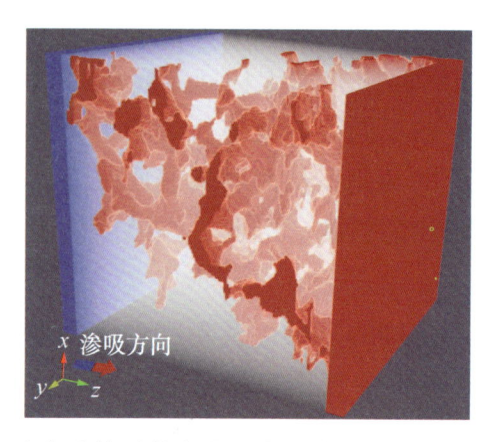

图 5.3 致密油储层数字岩心自发渗吸模拟孔隙空间模型

本章采用基于 LBM 的颜色梯度模型模拟致密油储层岩心子体积模型内不同润湿条件下的自发渗吸规律。边界条件设置如下。

(1) 初始条件：自发渗吸模拟开始前润湿流体(蓝色)位于距离入口端的 10 层格子缓冲层内，非润湿流体(红色)除了填充距离出口端的 10 层格子缓冲层外，还完全饱和提取的子体积孔隙空间，如图 5.3 所示，其中灰色部分表示岩石骨架。

(2) 边界条件：整个模拟过程中两相流体不受外力作用，完全依靠毛细管力驱动润湿相流体渗入致密油储层孔隙空间。因此，子体积模型的六个切面均采用周期边界条件，但与渗吸方向平行的两个切面，在周期迁移前需要与缓冲层内流体进行匹配，即：非润湿相分布函数迁移进润湿相饱和的缓冲层时需要变为润湿相对应的序参数。孔隙空间壁面采用半步长反弹边界以适应复杂的孔隙空间结构。

(3) 停止条件：由于自发渗吸过程中流体运移的驱动力只有毛细管力，其相对大小与孔喉的尺寸密切相关，对流体的作用效果又与孔喉的空间的均质程度分布有关，虽提取一定大小的子体积模型，但其内部流体的最终稳定分布仍然需要较长的计算时间。本章中选取强水湿条件下润湿相出现在出口端对应的时刻为计算停止条件。

表 5.1 致密油储层数字岩心自发渗吸模拟流体性质

物理性质	设置值
密度比	1
黏度比	1

5.3.3 流体润湿性对自发渗吸的影响

5.3.3.1 润湿性边界条件

由 Yang-Laplace 方程可知,岩心润湿性直接决定了渗吸动力—毛细管力的大小,从而影响自发渗吸过程中渗吸前缘的演变速度和方向。对于致密储层,只有其表面具有一定的亲水性时,水才能自发渗吸进入储层孔喉,起到驱油效果。而且,岩石的润湿性往往也决定了流体在岩石微观孔喉中的分布及流动状态。传统实验研究中,多数关注三种典型润湿条件下(即:水湿—润湿角[0°,75°]、中性润湿—润湿角[75°,105°]和油湿—润湿角[105°,180°])致密油储层自发渗吸效率和最终采收程度,而岩石水湿条件下润湿角的连续变化对自发驱油的影响规律少有研究[183]。为此,本章基于同一致密油储层数字岩心模型重点研究了水湿条件下润湿角的连续变化对自发渗吸的影响,定性分析自发渗吸过程中逆向和顺向渗吸过程中渗吸前缘的演变规律,定量评价渗吸速度、渗吸采出程度等参数。模拟计算过程中以润湿角的大小表征岩心的润湿性及程度,具体参数设置见表 5.2。

表 5.2 致密油储层数字岩心自发渗吸模拟模型和润湿性设置

影响因素	体积(体素)	连通孔隙度(%)	润湿角
润湿性	150³	10.90	$\pi/10$
			$\pi/5$
			$3\pi/10$
			$2\pi/5$

5.3.3.2 渗吸前缘演变和两相赋存规律分析

基于提取的致密油储层 3D 数字岩心模型,开展了四种不同润湿角下自发渗吸模拟。为了对比不同润湿角对自发渗吸驱替效率的影响,四种润湿状态的模拟计算的停止条件均设为 600 万步。以 150 万步为间隔,图 5.4 至图 5.7 展示了不同润湿角条件下的两相界面演变。

对比不同润湿角下的模拟结果,可以明显看出,润湿性对两相界面的形态及空间分布有较大影响。较小润湿角条件下($\pi/10$ 和 $\pi/5$),润湿相流体优先润湿孔隙角隅,主要以膜状流、角流形式流动,两相界面杂乱、分散;主要终端液面滞后明显。随着润湿角的增大,膜状流、角流形式的流动明显减小,因此,两相界面的形态也相应变得规则、紧凑,主要终端液面滞后效应进一步减弱。当润湿角进一步增大，例如本章中的 $2\pi/5$，自发渗吸现象明显减弱，而且主要发生在与入口段相连接的较小的孔隙空间内，当该部分空间被非润湿相填充后，润湿相流体难以进一步自发渗吸进入致密油多孔介质孔隙中。

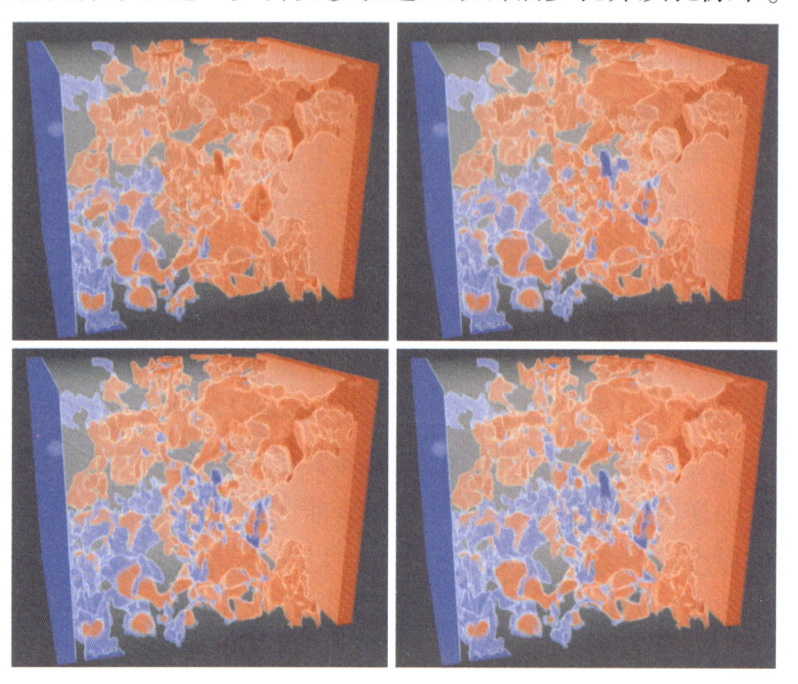

图 5.4　润湿角为 $\pi/10$ 时自发渗吸过程中两相界面随时间的演化

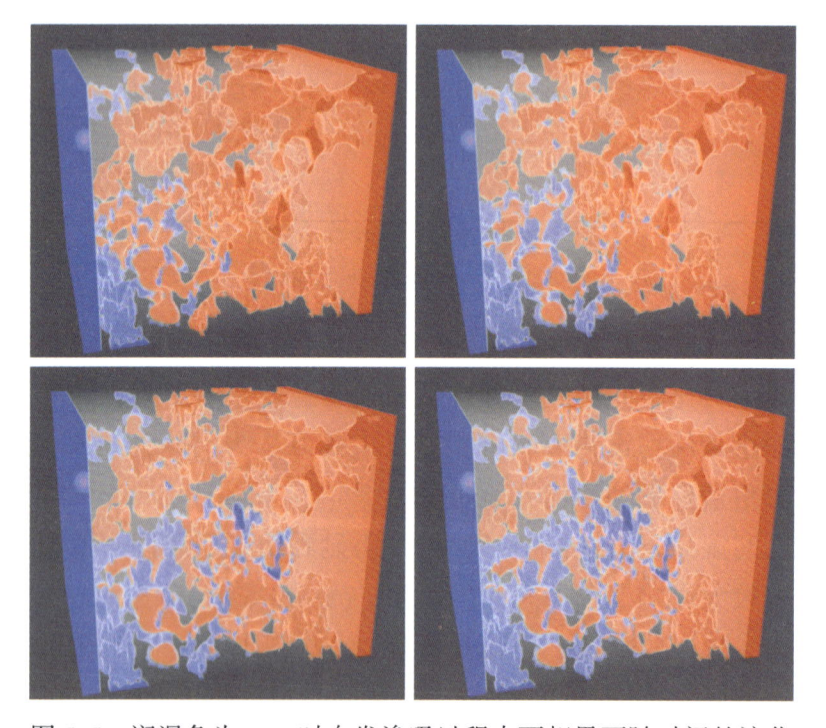

图 5.5　润湿角为 $\pi/5$ 时自发渗吸过程中两相界面随时间的演化

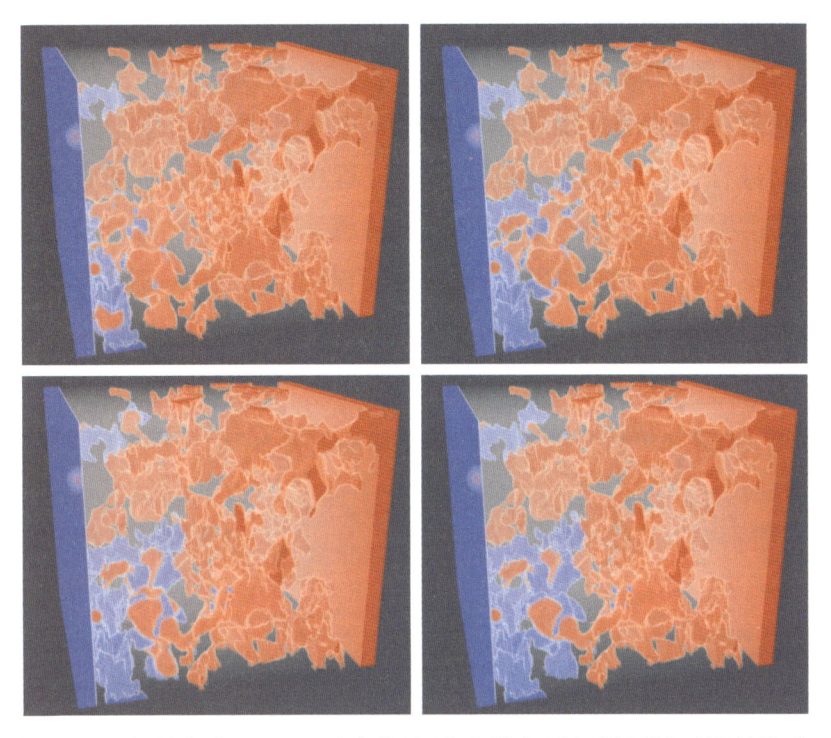

图 5.6 润湿角为 3π/10 时自发渗吸过程中两相界面随时间的演化

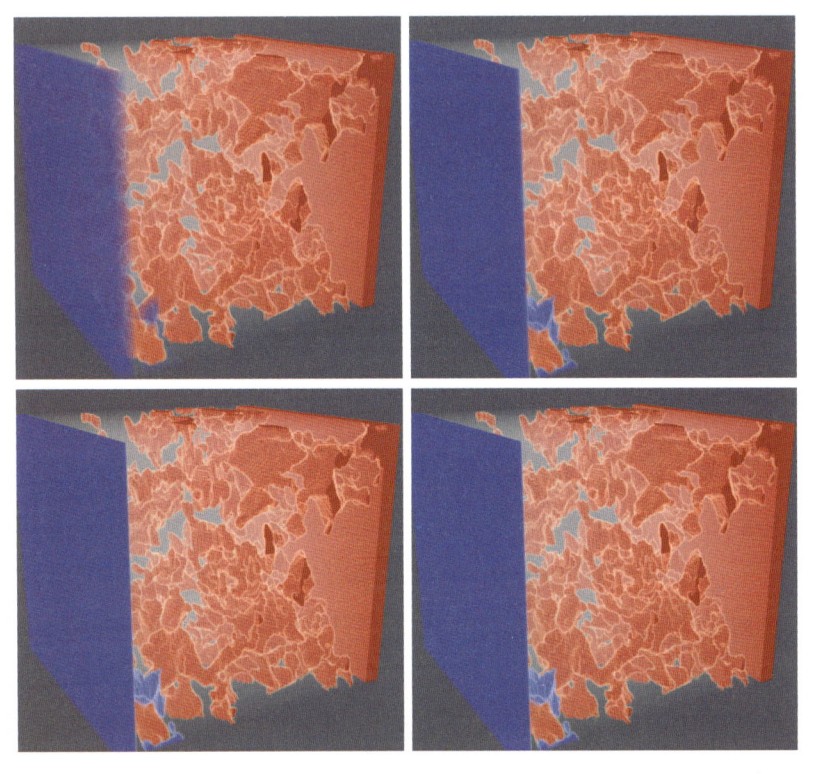

图 5.7 润湿角为 2π/5 时自发渗吸过程中两相界面随时间的演化

在渗吸初始阶段，可明显观察到非润湿相液滴从模型入口界面排进饱和润湿相的缓冲层内（图5.8），这种吸入方向和排出方向完全相反的渗吸现象即为逆向渗吸。逆向渗吸的这种现象是由油藏的物理性质—力学机理控制的。逆向渗吸包含两个过程：（1）水吸入过程，该过程主要取决于毛细管力的大小，在润湿性不变的情况下，毛细管半径越小，渗透率越小，毛细管力越大，水渗入模型内的距离越大；（2）油排出过程，该过程中，油排出的阻力有单相油的启动压力和油水两相流阻。这些力与微观孔喉尺寸和分布及流体润湿性有直接关系。

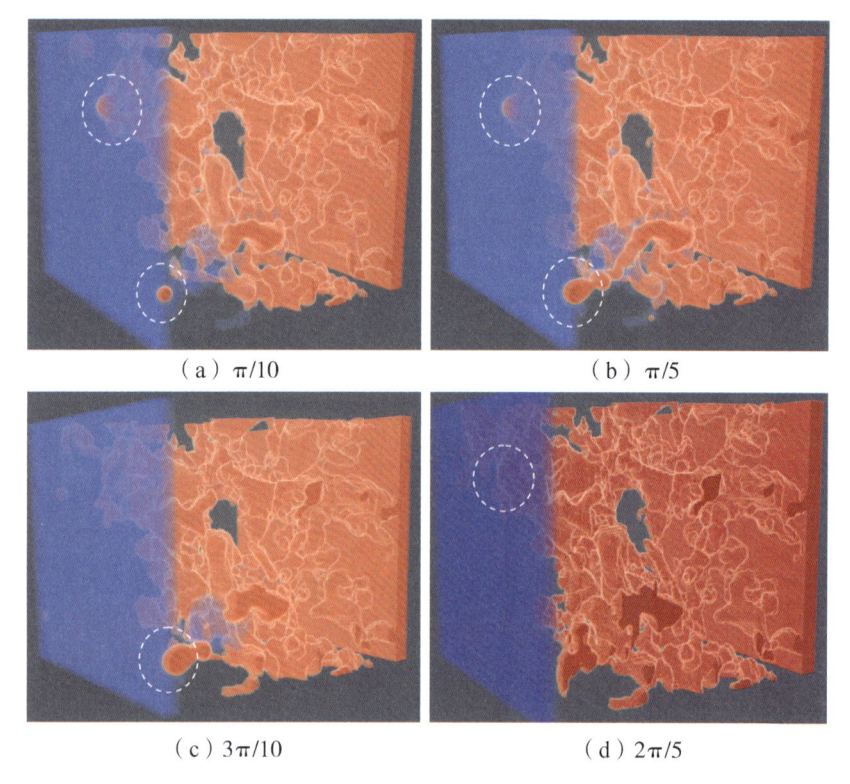

(a) $\pi/10$

(b) $\pi/5$

(c) $3\pi/10$

(d) $2\pi/5$

图5.8 同一时刻不同润湿条件下初始阶段逆向渗吸两相界面演化规律

本章重点考察了不同流体润湿性对自发渗吸驱油初始阶段逆向渗吸的影响规律，如图5.8所示。四种润湿角条件下同一模型渗吸过程中初始阶段入口端均有油滴析出，这说明不同润湿角条件下渗吸初期都以逆向渗吸为主。但逆向渗吸发生程度和发生位置在不同润湿角条件下发生变化。在强润湿条件下，如图5.8(a)、图5.8(b)所示，逆向渗吸点有两处，均发生在与入口端连接中尺寸相对较大的孔喉中，但逆向渗吸发生程度显著不同。润湿角越小，逆向渗吸发生程度越强烈。

为了更直观对比不同润湿强度对自发渗吸过程中渗吸前缘的影响,通过在计算初始及结尾区间内以一定间隔提取不同时刻计算结果绘制两相界面分布图5.9。可以直观看出润湿角对自发渗吸的影响规律。

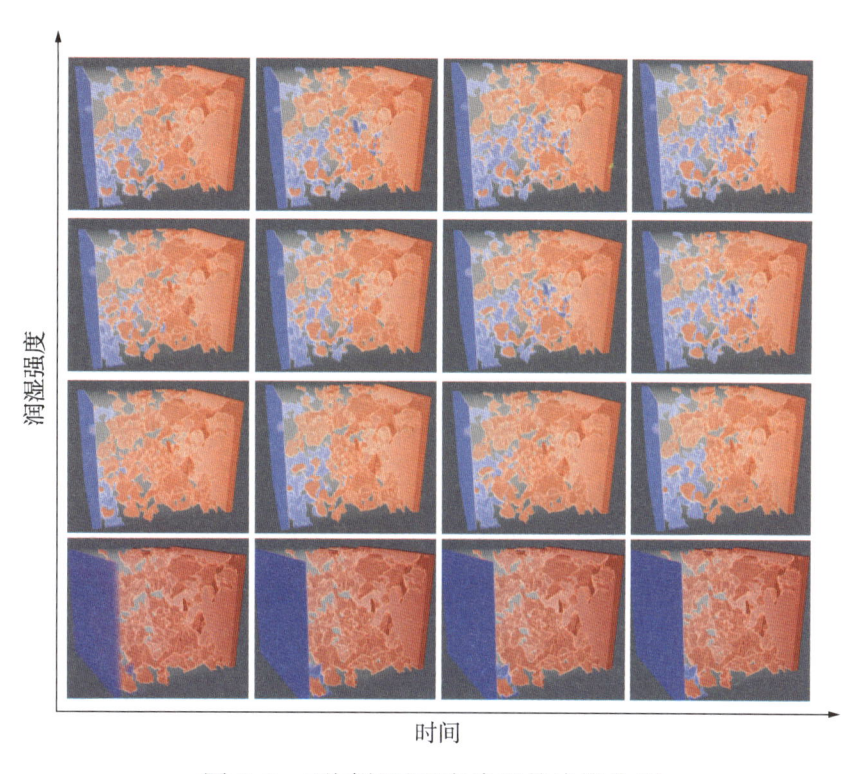

图 5.9　不同润湿强度渗吸前缘演化图

5.3.3.3　渗吸驱油效果定量分析

不同润湿条件下最终采出程度和采出速度随时间的关系如图 5.10 所示。

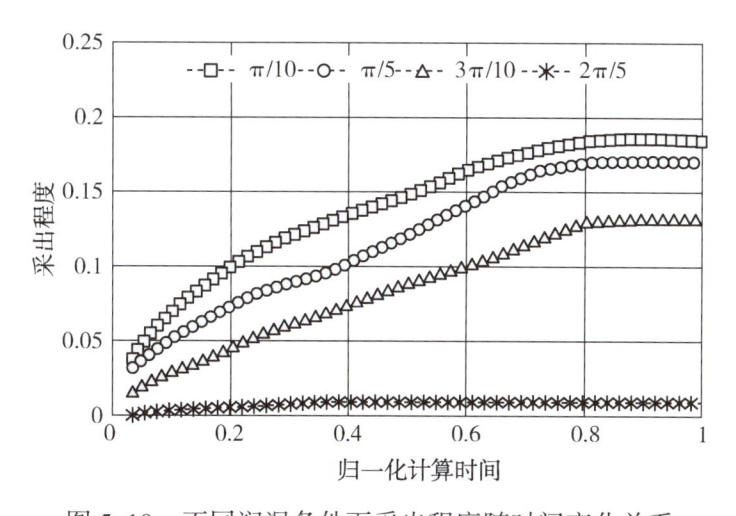

图 5.10　不同润湿条件下采出程度随时间变化关系

渗吸采出程度与润湿角的关系如图5.10所示。可以看出，致密油储层的自发渗吸驱替效果受润湿角的强烈影响，润湿角过大严重降低渗吸效率，当润湿角最小时，即$\pi/10$时，渗吸效率最高。但此润湿角下，渗吸前缘分布散乱，主要终端液面滞后最为明显。这是因为在致密储层孔喉中，强水湿状态下，润湿相流体趋向于填充较小的孔隙结构，造成大孔隙周围的小孔隙优先被填充，从而使大孔隙中的非润湿相被绕走。而在大孔隙结构中，润湿相流体以角流或膜状流的形式优先填充大孔隙壁面上的角隅，由于在孔喉处发生"卡断"现象，从而使非润湿相滞留在大孔隙中央；而在弱水湿条件下，作为驱动力的毛细管力很小，难以克服流体运移产生的黏滞阻力；而在润湿角为$\pi/10$状态时，既可以保证提供流体运移所需的驱动力，但同时又由于孔隙填充事件的影响，例如，"绕流""卡断"等现象，非润湿相的采出程度并非显著提升。因此，根据采出程度与时间的关系及润湿前缘随时间的演变规律可知，存在一定的接触角，使非润湿流体的最终采收程度最高。

对比不同润湿角条件下渗吸速率随时间的变化关系可知（图5.11），渗吸初始阶段，不同润湿角对应的渗吸速率差异较大，润湿角越小，渗吸速率越大。而一定时间后（本章中的归一化时间为0.2），不同润湿角对应的自发渗吸速率差异逐渐减小。当归一化时间为0.2时，较大润湿角对应的渗吸速率趋近于0，说明该润湿条件下自发渗吸已经趋近于平衡。

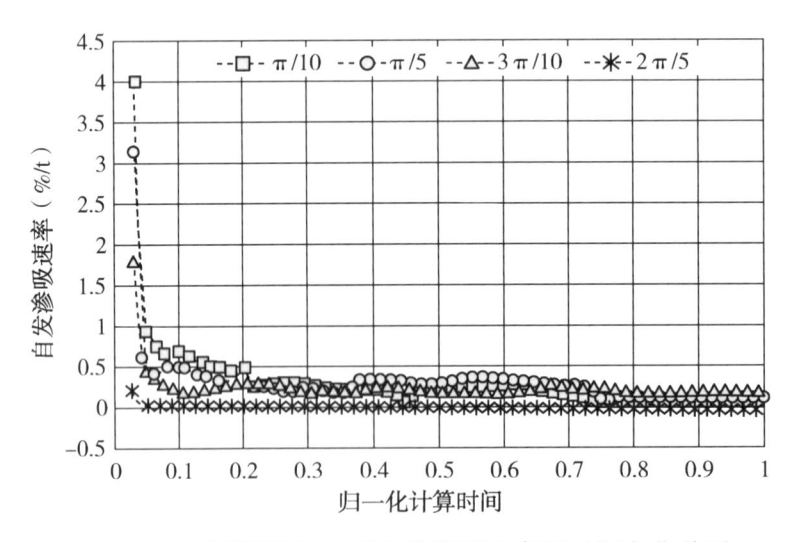

图5.11 不同润湿条件下自发渗吸速率随时间变化关系

计算终止时刻不同润湿角条件下对应的采收程度见表5.3。润湿角越小，自发渗吸采出程度越高。

表 5.3 不同润湿条件致密储层渗吸驱油效果

润湿性	采出程度(%)	润湿性	采出程度(%)
$\pi/10$	19.48	$3\pi/10$	15.45
$\pi/5$	18.53	$2\pi/5$	0.94

5.4 本章小结

基于致密油储层数字岩心模型的自发渗吸模拟计算,重点分析了不同润湿条件对自发渗吸的影响规律。结论如下。

基于致密油储层数字岩心模型不同润湿条件下自发驱油模拟可以明显观察到初始阶段的逆向渗吸过程和之后顺向渗吸过程。逆向渗吸的发生程度和经历时间与流体润湿性有直接联系,润湿性越强(接触角越小),油滴逆向析出时间越晚,经历时间越长,逆向采出程度越高。

顺向渗吸过程中,润湿性越强(接触角越小),渗吸作用越明显,渗吸采出程度越高,渗吸速率越快。这是因为,致密油储层岩心结构接触角越小,相同界面张力和相同孔隙结构下,毛细管力越大,润湿相越容易自发渗吸进入孔隙空间,因此,孔隙空间内的非润湿相越容易被置换出来。

润湿强度越高(润湿角越小),润湿相优先侵入孔隙角隅,渗吸前缘主要以膜状流、角流形式流动;两相界面杂乱、分散,主要终端液面滞后明显;渗吸前缘后非润湿相滞留明显。

参 考 文 献

[1] 赵政璋,杜金虎,邹才能,等. 致密油气[M]. 北京:石油工业出版社,2012.

[2] 李熙喆,郭振华,胡勇,等. 中国超深层大气田高质量开发的挑战、对策与建议[J]. 天然气工业,2020,40(2):75-82.

[3] 李熙喆,郭振华,胡勇,等. 中国超深层构造型大气田高效开发策略[J]. 石油勘探开发,2018,45(1):111-118.

[4] 李熙喆,郭振华,万玉金,等. 安岳气田龙王庙组气藏地质特征与开发技术政策[J]. 石油勘探开发,2017,44(3):398-406.

[5] 邹才能,杨智,朱如凯,等. 中国非常规油气勘探开发与理论技术进展[J]. 地质学报,2015,89(6):979-1007.

[6] 贾承造,邹才能,李建忠,等. 中国致密油评价标准、主要类型、基本特征及资源前景[J]. 石油学报,2012,33(3):343-350.

[7] Johnstone B. Bakken black gold[N]. Leader Poster,2007-12-10(6).

[8] Technically recoverable shale oil and shale gas resources:anssessment of 137 shale for mations in 41 countries outside thenited States[EB/OL].

[9] 杨正明,刘学伟,张仲宏,等. 致密油藏分段压裂水平井注二氧化碳吞吐物理模拟[J]. 石油学报,2015,36(6):724-729.

[10] 李熙喆,刘晓华,苏云河,等. 中国大型气田井均动态储量与初始无阻流量定量关系的建立与应用[J]. 石油勘探与开发,2018,45(6):1020-1025.

[11] 吴奇,胥云. 非常规油气藏体积改造技术核心理论与优化设计关键[J]. 石油学报,2014,35(4):706-714.

[12] 李熙喆,卢德堂,罗瑞兰,等. 复杂多孔介质主流通道定量判识标准[J]. 石油勘探与开发,2019,46(5):943-949.

[13] 杨正明. 致密油开发研究需要强化国际视野[N]. 中国石油报,2014-7-10(2).

[14] Ledingham G. W. Santigo Pool, Kern County, California:geological notes[J]. AAPG Bulletin,1947,31(11):2063-2067.

[15] 庞正炼,邹才能,陶士振,等. 中国致密油形成分布与资源潜力评价[J]. 中国工程科学,2012,14(7):60-67.

[16] 张威,刘新,张玉玮. 世界致密油及其勘探开发现状[J]. 石油科技论坛,2013,23(1):41-44.

[17] 张君峰,毕海滨. 国外致密油勘探开发新进展及借鉴意义[J]. 石油学报,2015,36(2):127-137.

[18] The Unconventional Oil Subgroup of the Resources & Supply Task Group. Potential of North American Unconventional oil resource[R]. Working Document of the NPC North American

Resource Development Study, 2011.

[19] 全国石油天然气标准化技术委员会. GB/T 34906—2017 致密油地质评价方法[S]. 北京：中国标准出版社, 2017.

[20] 林森虎, 邹才能, 袁选俊, 等. 美国致密油开发现状及启示[J]. 岩性油气藏, 2011, 23(4): 25-30.

[21] 贾承造, 郑民, 张永峰. 中国非常规油气资源与勘探开发前景[J]. 石油勘探与开发, 2012, 39(2): 129-136.

[22] 邹才能, 朱如凯, 吴松涛, 等. 常规与非常规油气聚集类型、特征、机理及展望——以中国致密油和致密气为例[J]. 石油学报, 2012, 33(2): 173-187.

[23] 景东升, 丁锋, 袁际华. 美国致密油勘探开发现状、经验及启示[J]. 国土资源情报, 2012(1): 18-19.

[24] 王军, 孙渡, 刘磊. 胜利油田非常规致密油藏开发研究进展[EB/OL].

[25] 侯明扬, 杨国丰. 北美致密油勘探开发现状及影响分析[J]. 国际石油经济, 2013, 21(7): 11-16.

[26] 雷群, 胥云, 蒋廷学, 等. 用于提高低—特低渗透油气藏改造效果的缝网压裂技术[J]. 石油学报, 2009, 30(2): 237-241.

[27] 吴奇, 胥云. 增产改造理念的重大变革—体积改造技术概论[J]. 天然气工业, 2011, 31(4): 7-12.

[28] 于馥玮, 苏航. 表面活性剂作用下致密水湿砂岩的渗吸特征[J]. 当代化工, 2015, 44(6): 1240-1243.

[29] 王平平, 李秋德. 胡尖山油田安 83 长 7 致密油地层能量补充方式研究[J]. 石油化工应用, 2015, 34(3): 58-62.

[30] 李忠兴, 屈雪峰. 鄂尔多斯盆地长 7 段致密油合理开发方式探讨[J]. 石油勘探与开发, 2015, 42(2): 217-221.

[31] 杨正明, 马壮志, 肖前华, 等. 致密油藏岩心全尺度孔喉测试方法及应用[J]. 西南石油大学学报：自然科学版, 2018, 40(3): 97-104.

[32] Lmberopoulos D P, Payatakes A C. Derivation of topological, geometrical and correlational properties of porous media from pore-chart analysis of serial section data[J]. Journal of Colloid and Interface Science, 1992, 150(1): 61-80.

[33] Vogel H J, Roth K. Quantitative morphology and network representation of soil pore structure[J]. Advances in Water Resources, 2001, 24(3-4): 233-242.

[34] Tomutsa L, Radmilovic V. Focused ion beam assisted three-dimensional rock imaging at submicron-scale[C]. Proceedings of International Symposium of the Society of Core Analysts, 2003.

[35] Tomutsa L, Silin D. Nanoscale pore imaging and pore scale fluid flow modeling in chalk.

[EB/OL]. http://repositories.cdlib.org/lbnl/LBNL-56266.

[36] Tomutsa L, Silin D, Radmilovic V. Analysis of chalk petrophysical properties by means of submicron-scale pore imaging and modeling[J]. SPE Reservoir Evaluation&Engineering, 2007, 10: 285-293.

[37] Fredrich J T, Menendez B, Wong T F. Imaging the pore structure of geomaterials[J]. Science, 1995, 268: 276-279.

[38] Lauterbur P. Image formation by induced local interactions: examples employing nuclear magnetic resonance[J]. Nature, 1973, 242: 190-191.

[39] Dunsmuir J H, Ferguson S R, D'Amico K L, et al. X-ray micro-tomography: a new tool for the characterization of porous media[C]. SPE 22860, 1991.

[40] Rosenberg E, Lynch J, Gueroult P. High resolution 3D reconstructions of rocks and composites[J]. Oil & Gas Science and Technology, 1999, 54(4): 497-511.

[41] Arns C H. The influence of morphology on physical properties of reservoir rocks[D]. Sydney: The University of New South Wales, 2002.

[42] Coenen J, Tchouparova E, Jing X. Measurement parameters and resolution aspects of micro X-ray Tomography for advanced core analysis[C]. Proceedings of International Symposium of the Society of Core Analysts, 2004.

[43] 闫国亮, 孙建孟, 刘学锋, 等. 过程模拟法重建三维数字岩芯的准确性评价[J]. 西南石油大学学报: 自然科学版, 2013, 35(2): 71-76.

[44] 屈乐. 基于低渗透储层的三维数字岩心建模及应用[D]. 西安: 西北大学, 2014.

[45] 高兴军, 齐亚东, 宋新民, 等. 数字岩心分析与真实岩心实验平行对比研究[J]. 特种油气藏, 2015, 22(6): 93-96.

[46] 李易霖, 张云峰, 丛琳, 等. X-CT 扫描成像技术在致密砂岩微观孔隙结构表征中的应用——以大安油田扶余油层为例[J]. 吉林大学学报: 地球科学版, 2016, 46(2): 379-387.

[47] 郭雪晶, 何顺利, 陈胜, 等. 基于纳米 CT 及数字岩心的页岩孔隙微观结构及分布特征研究[J]. 中国煤炭地质, 2016, 28(2): 28-34.

[48] Joshi M. A class of stochastic models for porous media[D]. Kansas: Lawrence Kansas University of Kansas, 1974.

[49] Quiblier J A. A new three-dimensional modeling technique for studying porous media[J]. Journal of Colloid and Interface Science, 1984, 98(1): 84-102.

[50] Adler P M, Jacquin C G, Quiblier J A. Flow in simulated porous media[J]. International Journal of Multiphase Flow, 1990, 16(4): 69-71.

[51] Ioannidis M, Kwiecien M, Chatzis I. Computer generation and application of 3-D model porous media from pore-level geostatistics to the estimation of formation factor[C]. SPE

30201, 1995.

[52] Hazlett R D. Statistical characterization and stochastic modeling of pore networks in relation to fluid flow[J]. Mathematical Geology, 1997, 29(6): 801-822.

[53] Yeong C L Y, Torquato S. Reconstructing random media. II. three-dimensional media from two-dimensional cuts[J]. Phys. Rev. E, 1998, 58(1): 224-233.

[54] Biswal B, Manswarth C, Hilfer R, et al. Quantitative analysis of experimental and synthetic micro-structures for sedimentary rocks[J]. Physica A, 1999, 273: 452-475.

[55] Oren P E, Bakke S. Process based reconstruction of sandstones and predictions of transport properties[J]. Transport in PorDus Media, 2002, 46: 311-343.

[56] 赵秀才, 姚军, 陶军, 等. 基于模拟退火算法的数字岩心建模方法[J]. 高校应用数学学报A辑, 2007, 22(2): 127-133.

[57] Song S B. An improved simulated annealing algorithm for reconstructing 3D large-scale porous media[J]. Journal of Petroleum Science and Engineering, 2019, 182: 106343.

[58] Bryant S, Blunt M J. Prediction of relative permeability in simple porous media[J]. Phys Rev A, 1992, 46: 2004-2411.

[59] Bakke S, Oren P E. 3-D pore-scale modeling of sandstones and flow simulations in the pore networks[C]. SPE 35479.

[60] Oren P E, Bakke S. Reconstruction of Berea sandstone and pore-scale modelling of wettability effects[J]. Journal of Petroleum Science and Engineering, 2003, 39(3-4): 177-199.

[61] Coehlo D, Thovert J F, Adler P M. Geometrical and transport properties of random packings of spheres and aspherical particles[J]. Physical Review E, 1997, 55: 1959-1978.

[62] Pillotti M. Reconstruction of clastic porous media[J]. Transport in Porous Media, 2000, 41(3): 359-364.

[63] 刘学锋, 孙建孟, 王海涛, 等. 顺序指示模拟重建三维数字岩心的准确性评价[J]. 石油学报, 2009, 30(3): 391-395.

[64] Okabe H, Blunt M J. Prediction of permeability for porous media reconstructed using multiple-point statistics[J]. Physical Review E, 2004, 70: 066135.

[65] 张丽, 孙建孟, 孙志强, 等. 多点地质统计学在三维岩心孔隙分布建模中的应用[J]. 中国石油大学学报: 自然科学版, 2012, 36(2): 105-109.

[66] 朱益华, 陶果, 方伟, 等. 3D多孔介质渗透率的格子Boltzmann模拟[J]. 测井技术, 2008, 32(1): 25-28.

[67] 朱益华, 陶果. 顺序指示模拟技术及其在3D数字岩心建模中的应用[J]. 测井技术, 2007, 31(2): 112-115.

[68] 朱益华, 陶果, 方伟. 图像处理技术在数字岩心建模中的应用[J]. 石油天然气学报,

2007, 29(5): 54-57.

[69] 刘学峰. 基于数字岩心的岩石声电特性微观数值模拟研究[D]. 青岛: 中国石油大学(华东), 2010: 6-9.

[70] Wu K J, Nunan N, Crawford J W, et al. An efficient Markov chain model for the simulation of heterogeneous soil structure[J]. Soil Science Society of America Journal, 2004, 68(2): 346-351.

[71] Talukdar M S, Torsaeter O. Reconstruction of chalk pore networks from 2D backscatter electron micrographs using a simulated annealing technique[J]. Journal of Petroleum Science and Engineering, 2002, 33(4): 265-282.

[72] Politis M G, Kikkinides E S, Kainourgiakis M E, et al. A hybrid process-based and stochastic reconstruction method of porous media[J]. Microporous and Mesoporous Materials, 2008, 110(1): 92-99.

[73] Liu X, Sun J, Wang H. Reconstruction of 3-D digital cores using a hybrid method[J]. Applied Geophysics, 2009, 6(2): 105-112.

[74] Yang Y F, Yao J, Wang C C, et al. New pore space characterization method of shale matrix formation by considering organic and inorganic pores[J]. Journal of Natural Gas Science and Engineering, 2015, 27: 496-503.

[75] 莫修文, 张强, 陆敬安. 模拟退火法建立数字岩心的一种补充优化方案[J]. 地球物理学报, 2016, 59(5): 1831-1838.

[76] 姜黎明, 刘宁静, 孙建孟, 等. 利用CT图像与压汞核磁共振构建高精度三维数字岩心[J]. 测井技术, 2016, 40(4): 404-407.

[77] Arns C H, Sender T J, Sok R M, et al. Digital core laboratory: analysis of reservoir core fragments from 3D images[C]. SPWLA 45th Annual Logging Symposium, 2004.

[78] Arns C H. A comparison of pore size distributions derived by NMR and X-ray-CT techniques[J]. Physica A: Statistical Mechanics and its Applications. 2004, 339(1-2): 159-165.

[79] Arns C H, Knackstedt M A, Pinczewski M V, et al. Accurate estimation of transport properties from microtomographic images[J]. Geophysical Research Letters, 2001, 28(17): 3361-3364.

[80] 孙建孟, 姜黎明, 刘学锋, 等. 数字岩心技术测井应用与展望[J]. 测井技术, 2012, 36(1): 1-7.

[81] Arns C H, Knackstedt M A, Pinczewski W V, et al. Virtual permeametry on micro-tomographic images[J]. Journal of Petroleum Science and Engineering, 2004, 45(1-2): 41-46.

[82] Arns J Y, Arns C H, Adrian P S, et al. Relative permeability fromtomographic images, effect of correlated heterogeneity[J]. Journal of Petroleum Science and Engineering,

2003, 39(3-4): 247-259.

[83] Arns J Y, Robins V, Sheppard A P, et al. Effect of network topology on relative permeability[J]. Transport in Porous Media, 2004, 55(1): 21-46.

[84] Ghous A, Knackstedt M A, Arns C H, et al. 3D imaging of reservoir core at multiple scales: correlations to petrophysical properties and pore scale fluid distributions[C]. Kuala Lumpur, Malaysia: International Petroleum Technology Conference, 2008.

[85] JonesA C, Arns C H, Hutmacher D W, et al. The correlation of pore morphology, interconnectivity and physical properties of 3D ceramic scaffolds with bone ingrowth[J]. Biomaterials, 2009, 30(7): 1440-1451.

[86] Knackstedt M A, Arns C H, Limaye A, et al. Digital core laboratory: properties of reservoir core derived from 3D images[C]. SPE Asia Pacific Conference on Integrated Modelling for Asset Management, 2004.

[87] Arns C H, Knackstedt M A, Pinczewskiz W V, et al. Computation of linear elastic properties from microtomographic images: methodology and agreement between theory and experiment[J]. Geophysics, 2002, 67(5): 1396-1405.

[88] Blunt M J, Jackson M D, Piri M, et al. Detailed physics, predictive capabilities and upscaling for pore-scale models of multiphase flow[J]. Advances in Water Resources, 2004, V8-12(25): 1069-1089.

[89] Al-Gharbi M S. Dynamic pore-scale modelling of two-phase flow[D]. London: Imperial College London, 2004.

[90] Youssef S, Bauer D, Han M, et al. Pore-network models combined to high resolution micro-CT to assess petrophysical properties of homogenous and heterogenous rocks[C]. International Petroleum Technology Conference, 2008.

[91] Youssef S, Rosenberg E, Gland N F, et al. High resolution CT and pore-network models to assess petrophysical properties of homogeneous and heterogeneous carbonates[C]. SPE/EAGE Reservoir Characterization and Simulation Conference, 2007.

[92] Keehm Y. Computational rock physics: transport properties in porous media and applications[D]. Stanford: Stanford University, 2003.

[93] Broadbent S R, Hammersley J M. Percolation processes I crystals and mazes[J]. Proc. Cam bridge Philos. Soc., 1957, 53: 629-641.

[94] Heiba A, Sahimi M. Percolation theory of two-phase relative permeability[J]. SPE 11015, 1982.

[95] Piri M, Blunt M J. Three-dimensional mixed-wet random pore-scale network modeling of two-and three-phase flow in porous media. I. Model description[J]. Physical Review E, 2005, 71.

[96] 李俊键，成宝洋，刘仁静，等. 基于数字岩心的孔隙尺度砂砾岩水敏微观机理[J]. 石油学报，2019，40(5)：594-603.

[97] Martys N S, Torquato S, Bentz D P. Universal scaling of fluid permeability for sphere packings[J]. Physical Review E, 1994, 50(1)：403-408.

[98] Martys N, Chen H. Simulation of multicomponent fluids in complex three-dimensional geometries by the Lattice Boltzmann method[J]. PhysicalReview E, 1996, V53(lb)：743-750.

[99] Martys N S, Douglas J F. Critical properties and phase separation in Lattice Boltzmann fluid mixtures[J]. Physical Review E, 2001, 63(3)：31205.

[100] Kameda A. Permeability evolution in sandstone: digital rock approach[D]. Stanford: Stanford University, 2004.

[101] 刘伟，张德峰，刘海河，等. 数字岩心技术在致密砂岩储层含油饱和度评价中的应用[J]. 断块油气田，2013，20(5)：593-596.

[102] 邹友龙，谢然红，郭江峰，等. 致密储层数字岩心重构及核磁共振响应模拟[J]. 中国石油大学学报：自然科学版，2015，39(6)：63-71.

[103] 盛军，杨晓菁，李纲，等. 基于多尺度X-CT成像的数字岩心技术在碳酸盐岩储层微观孔隙结构研究中的应用[J]. 现代地质，2019，33(3)：653-661.

[104] Lv W, Chen S, Gao Y, et al. Evaluating seepage radius of tight oil reservoir using digital core modeling approach[J]. Journal of Petroleum Science and Engineering, 2019, 178：609-615.

[105] 陶鹏. 基于数字岩心的低渗储层微观渗流机理研究[D]. 成都：西南石油大学，2017.

[106] 王新德，李彬，田联房. 基于MC算法的CT序列图像快速成型文件生成方法[J]. 计算机应用与软件，2012，29(8)：98-100.

[107] Lorensen W, Cline H. Marching cubes: a high resolution 3D surface construction algorithm[J]. Computer Graphics, 1987, 21(4)：163-9.

[108] Ren X F, Malik J. Learning a classification model for segmentation[C]. International Conference on Computer Vision, 2003.

[109] Otsu N. A threshold selection method from gray-level histograms[J]. IEEE Transactions on Systems, Man, and Cybernetics, 1979, 9(1)：62-66.

[110] 严桔铭，钟艳如. 基于VC++和OpenGL的stl文件读取显示[J]. 计算机系统应用，2009，3：172-175.

[111] Levoy, M. Display of surfaces from volume data[J]. IEEE Computer Graphics & Applications, 1988, 8(3)：29-37.

[112] Freemanlu. 图像数据到网格数据-1-MarchingCubes算法[EB/OL].

[113] 艾婷. 基于VTK实现二维医学图像的三维可视化系统[D]. 长春：东北师范大学，2008：1-59.

[114] 何晖光，田捷，赵明昌，等. 基于分割的三维医学图像表面重建算法[J]. 软件学报，2002，13(2)：219-226.

[115] 田应贵，程鹏. 基于改进MC算法的图像三维重建研究与实现[J]. 现代计算机(专业版)，2018(27)：42-45.

[116] 帅仁俊，陈书晶. 一种改进的MC三维重建算法[J]. 中国数字医学，2016，11(3)：83-86.

[117] 刘学锋，张伟伟，孙建孟. 三维数字岩心建模方法综述[J]. 地球物理学进展，2013，28(6)：3066-3072.

[118] Mandelbrot B B. The fractal geometry of nature[M]. San Francisco：Freeman，1983.

[119] Feder J. Fractals[M]. New York：Plenum Press，1988.

[120] Yu B M, Cheng P. A fractal model for permeability of bi-dispersed porous media[J]. International Journal of Heat & Mass Transfer，2002，45(14)：2983-2993.

[121] Cai J C, Yu B M, Zou M Q, et al. Fractal characterization of spontaneous co-current imbibition in porous media[J]. Energy & Fuels，2010，24(3)：1860-1867.

[122] Yu B M, Li J H. Some fractal characters of porous media[J]. Fractals，2001，9(3)：365-372.

[123] Cai J C, Yu B M, Zou M Q, et al. Fractal analysis of invasion depth of extraneous fluids in porous media[J]. Chemical Engineering Science，2010，65(18)：5178-5186.

[124] Yu B M. Analysis of flow in fractal porous media[J]. Applied Mechanics Reviews，2008，61(5)：1-19.

[125] Cai J C, Yu B M. Prediction of maximum pore size of porous media based on fractal geometry[J]. Fractals，2010，18(4)：417-423.

[126] Xu P. A discussion on fractal models for transport physics of porous media[J]. Fractals，2015，23(3)：1530001.

[127] Yu B. M. Fractal dimensions for multiphase fractal media[J]. Fractals，2006，14(2)：111-118.

[128] Xu P, Yu B M. Developing a new form of permeability and Kozeny-Carman constant for homogeneous porous media by means of fractal geometry[J]. Advances in Water Resources，2008，31(1)：74-81.

[129] Liu Y J, Yu B M, Xu P, et al. Study of the effect of capillary pressure on permeability[J]. Fractals，2007，15(1)：55-62.

[130] Jin X C, Ong S H, Jayasooriah. A practical method for estimating fractal dimension[J]. Pattern Recognition Letters，1995，16(1995)：457-464.

[131] Perez A, Gonzalez R C. An Iterative thresholding algorithm for image segmentation[J]. IEEE Transactions on Pattern Analysis and Machine Intelligence, 1987, 9(6): 742-751.

[132] Kittler J, Illingworth J, Foglein J. Threshold selection based on a simple image statistic [J]. Computer Vision Graphics & Image Processing, 1985, 30(2): 125-147.

[133] Kittler J, IllingworthJ. Minimum error thresholding[J]. Pattern Recognition, 1986, 19(1): 41-47.

[134] Kapur J N, Sahoo P K, Wong A K C. A new method for gray-level picture thresholding using the entropy of the histogram[J]. Computer Vision, Graphics & Image Processing, 1985, 29: 273-285.

[135] NieS P, Wang M, Liu F. Image binarization through regional logic computation[J]. Laser Magazine, 2003, 24: 48-50.

[136] 赵秀才. 数字岩心及孔隙网络模型重构方法研究[D]. 东营：中国石油大学, 2009.

[137] 刘向君, 朱洪林, 梁利喜. 基于微CT技术的砂岩数字岩石物理实验[J]. 地球物理学报, 2014, 57(4): 1133-1140.

[138] 赵秀才, 姚军, 房克荣. 合理分割岩心微观结构图像的新方法[J]. 中国石油大学学报：自然科学版, 2009, 33(1): 64-67.

[139] Arns C H, Bauget F, Limaye A, et al. Pore-scale characterization of carbonates using X-ray microtomography[J]. SPE Journal, 2005, 10: 475-484.

[140] 赵秀才, 姚军. 数字岩心建模及其准确性评价[J]. 西安石油大学学报：自然科学版, 2007(2): 16-20.

[141] 王晨晨, 姚军, 杨永飞, 等. 基于格子玻尔兹曼方法的碳酸盐岩数字岩心渗流特征分析[J]. 中国石油大学学报：自然科学版, 2012, 36(6): 94-98.

[142] 王晨晨, 姚军, 杨永飞, 等. 碳酸盐岩双孔隙数字岩心结构特征分析[J]. 中国石油大学学报：自然科学版, 2013, 37(2): 71-74.

[143] Chen S, Doolen G D. Lattice Boltzmann method for fluid flows[J]. Annual Review of Fluid Mechanics, 1998, 30(1): 329-364.

[144] Head D, Vanorio T. Effects of changes in rock microstructures on permeability: 3-D printing investigation[J]. Geophysical Research Letters, 2016, 43(14): 7494-7502.

[145] Zhao X L, Yang Z M, Lin W, et al. Study on pore structures of tight sandstone reservoirs based on nitrogen adsorption, high-pressure mercury intrusion and rate-controlled mercury intrusion[J]. Journal of Energy Resources Technology, 2019, 141(11): 112903.

[146] 杨正明, 骆雨田, 何英, 等. 致密砂岩油藏流体赋存特征及有效动用研究[J]. 西南石油大学学报：自然科学版, 2015, 37(3): 85-92.

[147] 崔利凯, 孙建孟, 闫伟超, 等. 基于多分辨率图像融合的多尺度多组分数字岩心构

建[J]. 吉林大学学报：地球科学版, 2017, 47(6): 1904-1912.

[148] Wu T, Li X, Zhao J, et al. Mutiscale pore structure and its effect on gas transport in organic-rich shale[J]. Water Resources Research, 2017, 53: 5438-5450.

[149] 田娟, 郑郁正. 模板匹配技术在图像识别中的应用[J]. 传感器与微系统, 2008 (1): 112-114.

[150] 何东健主编. 数字图像处理[M]. 西安: 西安电子科技大学出版社, 2015.

[151] 贾永红编著. 数字图像处理[M]. 武汉: 武汉大学出版社, 2015.

[152] Yuan H H, Swanson B F. Resolving pore-space characteristics by rate-controlled porosimetry [J]. SPE Formation Evaluation, 1989, 4(1): 17-24.

[153] Padhy G S, Lemaire C, Amirtharaj E S, et al. Pore size distribution in multiscale porous media as revealed by DDIF-NMR, mercury porosimetry and statistical image analysis[J]. Colloids and Surfaces A: Physicochemical and Engineering Aspects, 2007, 300(1-2): 222-234.

[154] Zhao H, Ning Z, Wang Q, et al. Petrophysical characterization of tight oil reservoirs using pressure–controlled porosimetry combined with rate–controlled porosimetry[J]. Fuel, 2015, 154: 233-242.

[155] Wang X, Hou J, Song S, et al. Combining pressure-controlled porosimetry and rate-controlled porosimetry to investigate the fractal characteristics of full-range pores in tight oil reservoirs[J]. Journal of Petroleum Science and Engineering, 2018, 171: 353-361.

[156] Zhao X L, Yang Z M, Lin W, et al. Characteristics of microscopic pore-throat structure of tight oil reservoirs in Sichuan Basin measured by rate-controlled mercury injection[J]. Open Physics, 2018, 16: 675-684.

[157] Silin D B, Jin G D, Patzek T W, et al. Robust determination of the pore–space morphology in sedimentary rocks[J]. Journal of Petroleum Technology, 2004, 56(5): 69-70.

[158] Al-Kharusi A S, Blunt M J. Network extraction from sandstone and carbonate pore space images[J]. Journal of Petroleum Science and Engineering, 2007, 56(4): 219-231.

[159] Dong H, Blunt M J. Pore–network extraction from micro–computerized–tomography images[J]. Physical Review E, 2009, 80(3): 36307.

[160] Blunt M J. Flow in porous media-pore-network models and multiphase flow[J]. Current Opinion in Colloid & Interface Science, 2001, 6(3): 197-207.

[161] Siena M, Riva M, Hyman J D, et al. Relationship between pore size and velocity probability distributions in stochastically generated porous media[J]. Physical Review E, 2014, 89: 13018.

[162] Xiong Q, Baychev T G, Jivkov A P. Review of pore network modelling of porous media:

Experimental characterisations, network constructions and applications to reactive transport[J]. Journal of Contaminant Hydrology, 2016, 192：101-117.

[163] García-Salaberri P A, Zenyuk I V, Shum A D, et al. Analysis of representative elementary volume and through-plane regional characteristics of carbon-fiber papers: diffusivity, permeability and electrical/thermal conductivity[J]. International Journal of Heat and Mass Transfer, 127(Part B): 687-703.

[164] 冷振鹏, 杨胜建, 吕伟峰, 等. 致密油孔隙结构表征方法——以川中致密油储层岩心为例[J]. 断块油气田, 2016(2): 161-165.

[165] 韩文学, 高长海, 韩霞. 核磁共振及微、纳米CT技术在致密储层研究中的应用——以鄂尔多斯盆地长7段为例[J]. 断块油气田, 2015, 22(1): 62-66.

[166] 屈乐, 孙卫, 杜环虹, 等. 基于CT扫描的三维数字岩心孔隙结构表征方法及应用——以莫北油田116井区三工河组为例[J]. 现代地质, 2014(1): 190-196.

[167] Sok R M, Varslot T K, Ghous A, et al. Pore scale characterization of carbonates at multiple scales: Integration of micro-CT, BSEM, and FIBSEM[J]. Petrophysics, 2010, 51(6): 379-387.

[168] 佘敏, 寿建峰, 郑兴平, 等. 基于CT成像的三维高精度储集层表征技术及应用[J]. 新疆石油地质, 2011(6): 664-666.

[169] 张天付, 范光旭, 李玉文, 等. 吉木萨尔凹陷芦草沟组致密油储层微观孔喉结构研究[J]. CT理论与应用研究, 2016(4): 425-434.

[170] 黄家国, 许开明, 郭少斌, 等. 基于SEM、NMR和X-CT的页岩储层孔隙结构综合研究[J]. 现代地质, 2015(1): 198-205.

[171] 雷健, 潘保芝, 张丽华. 基于数字岩心和孔隙网络模型的微观渗流模拟研究进展[J]. 地球物理学进展, 2018(2): 653-660.

[172] 黄丰. 多孔介质模型的三维重构研究[D]. 合肥: 中国科学技术大学, 2007.

[173] 王波, 宁正福, 姬江. 多孔介质模型的三维重构方法[J]. 西安石油大学学报: 自然科学版, 2012(4): 54-57.

[174] 柳瑶阁. 多孔介质重构与指进模拟研究[D]. 合肥: 中国科学技术大学, 2014.

[175] 王平全, 陶鹏, 刘建仪, 等. 基于数字岩心的低渗透储层微观渗流机理研究[J]. 非常规油气, 2016(6): 1-5.

[176] 李祯. 致密储层中流体流动的LBM模拟[D]. 青岛: 中国石油大学(华东), 2016.

[177] 赵明, 郁伯铭. 数字岩心孔隙结构的分形表征及渗透率预测[J]. 重庆大学学报, 2011(4): 88-94.

[178] 郁伯铭. 多孔介质输运性质的分形分析研究进展[J]. 力学进展, 2003(3): 333-346.

[179] 蔡建超, 胡祥云. 多孔介质分形理论与应用[M]. 北京: 科学出版社, 2015.

[180] 王冬欣. 基于 Micro-CT 图像的数字岩心孔隙级网络建模研究[D]. 长春：吉林大学，2015.

[181] 徐模. 数字岩心及孔隙网络模型的构建方法研究[D]. 成都：西南石油大学，2017.

[182] 王秀宇，巨明霜，杨文胜，等. 致密油藏动态渗吸排驱规律与机理[J]. 油气地质与采收率，2019，26(3)：92-98.

[183] 张新旺，郭和坤，李海波. 基于核磁共振致密油储层渗吸驱油实验研究[J]. 科技通报，2018，34(8)：35-40.

[184] 王向阳，杨正明，刘学伟，等. 致密油藏大模型逆向渗吸的物理模拟实验研究[J]. 科学技术与工程，2018(8)：43-48.

[185] 何梦莹. 致密砂岩渗吸规律研究[D]. 武汉：长江大学，2017.

[186] 谷潇雨，蒲春生，黄海，等. 渗透率对致密砂岩储集层渗吸采油的微观影响机制[J]. 石油勘探与开发，2017(6)：948-954.

[187] 濮御，王秀宇，濮玲. 静态渗吸对致密油开采效果的影响及其应用[J]. 石油化工高等学校学报，2016，29(3)：23-27.

[188] 蔡建超，郭士礼，游利军，等. 裂缝—孔隙型双重介质油藏渗吸机理的分形分析[J]. 物理学报，2013(1)：228-232.

[189] 周德胜，师煜涵，李鸣，等. 基于核磁共振实验研究致密砂岩渗吸特征[J]. 西安石油大学学报：自然科学版，2018(2)：51-57.

[190] 蔡建超，郁伯铭. 多孔介质自发渗吸研究进展[J]. 力学进展，2012(6)：735-754.

[191] Jing W, Huiqing L, Genbao Q, et al. Investigations on spontaneous imbibition and the influencing factors in tight oil reservoirs[J]. Fuel, 2019, 236：755-768.

[192] 王敉邦，杨胜来，吴润桐，等. 致密油藏渗吸采油影响因素及作用机理[J]. 大庆石油地质与开发，2018，37(6)：158-163.

[193] 韦青，李治平，白瑞婷，等. 微观孔隙结构对致密砂岩渗吸影响的试验研究[J]. 石油钻探技术，2016，44(5)：109-116.

[194] Javaheri A, Habibi A, Dehghanpour H, et al. Imbibition oil recovery from tight rocks with dual-wettability behavior[J]. Journal of Petroleum Science and Engineering, 2018, 167：180-191.

[195] 王睿. 润湿性对低渗致密储层自发渗吸的影响[J]. 石油化工应用，2018，37(11)：97-101.

[196] 侯宝峰. 表面活性剂改变岩石表面润湿性及其提高采收率研究[D]. 青岛：中国石油大学(华东)，2016.

[197] 李爱芬，何冰清，雷启鸿，等. 界面张力对低渗亲水储层自发渗吸的影响[J]. 中国石油大学学报：自然科学版，2018，42(4)：67-74.

[198] 李鸣. 压裂液在长7储层中的渗吸作用研究[D]. 西安：西安石油大学，2018.

[199] 王小香. 压裂液渗吸提高采收率研究[D]. 西安：西安石油大学，2018.

[200] Meng Q, Cai Z, Cai J, et al. Oil recovery by spontaneous imbibition from partially water-covered matrix blocks with different boundary conditions[J]. Journal of Petroleum Science and Engineering, 2019, 172: 454-464.

[201] Lyu C, Ning Z, Chen M, et al. Experimental study of boundary condition effects on spontaneous imbibition in tight sandstones[J]. Fuel, 2019, 235: 374-383.

[202] Liu H, Valocchi A J, Werth C, et al. Pore-scale simulation of liquid CO_2 displacement of water using a two-phase lattice Boltzmann model[J]. Advances in Water Resources, 2014, 73: 144-158.

[203] 郭照立，郑楚光. 格子 Boltzmann 方法的原理及应用[M]. 北京：科学出版社，2009.

[204] Gu Q, Liu H, Zhang Y. Lattice Boltzmann simulation of immiscible two-phase displacement in two-dimensional Berea Sandstone[J]. Applied Sciences, 2018, 8(9): 1497.